Feldstärkebasierte Präzisionslokalisierung von Mobilfunkendgeräten
mithilfe von Jamming-Techniken

Feldstärkebasierte Präzisionslokalisierung von Mobilfunkendgeräten mithilfe von Jamming-Techniken

Der Technischen Fakultät der
Friedrich-Alexander-Universität Erlangen-Nürnberg
zur Erlangung des Grades

DOKTOR-INGENIEUR

vorgelegt von

Stefan Zorn

Erlangen – 2012

Bibliografische Information der Deutschen Nationalbibliothek
Die Deutsche Nationalbibliothek verzeichnet diese Publikation in der Deutschen Nationalbibliografie; detaillierte bibliografische Daten sind im Internet über http://dnb.d-nb.de abrufbar.
1. Aufl. - Göttingen : Cuvillier, 2013
Zugl.: Erlangen-Nürnberg, Univ., Diss., 2012

978-3-95404-453-5

Als Dissertation genehmigt von der Technischen Fakultät
der Friedrich-Alexander-Universität Erlangen-Nürnberg

Tag der Einreichung: 27.11.2012
Tag der Promotion: 22.02.2013
Dekanin: Prof. Dr.-Ing. habil. Marion Merklein
1. Berichterstatter: Prof. Dr.-Ing. Dr.-Ing. habil. Robert Weigel
2. Berichterstatter: Prof. Dr.-techn. Leonhard M. Reindl

Nonnenstieg 8, 37075 Göttingen
Telefon: 0551-54724-0
Telefax: 0551-54724-21
www.cuvillier.de

1. Auflage, 2013
Gedruckt auf säurefreiem Papier

978-3-95404-453-5

Wenn ich weiter geblickt habe,
so deshalb, weil ich auf den
Schultern von Riesen stehe.

(Isaac Newton, anno 1676)

Danksagung

Diese Arbeit entstand in meiner Zeit als Akademischer Rat am Lehrstuhl für Technische Elektronik der Friedrich-Alexander-Universität Erlangen-Nürnberg. Mein besonderer Dank gilt Prof. Dr.-Ing. Dr.-Ing. habil. Robert Weigel für die Möglichkeit zu promovieren. Durch seinen Führungsstil trägt er maßgeblich zu dem unerreicht positiven Arbeitsklima am LTE bei. Durch seine offene Art war er nie den Nöten und Wünschen seiner Doktoranden gegenüber verschlossen. Herzlichen Dank!

Bei Prof. Dr.-techn. Leonhard Reindl möchte ich mich für die Übernahme der zweiten Berichterstattung bedanken. Vielen Dank für Ihre Mühe!

Des Weiteren möchte ich meine Wertschätzung gegenüber allen Kollegen für den hervorragenden Zusammenhalt und die freundliche Atmosphäre betonen. Besonders hervorheben möchte ich Christoph Kandziora, Dr.-Ing. Dietmar Kissinger, Dr.-Ing. Alexander Kölpin, Dr.-Ing. Errikos Lourandakis, Dr.-Ing. Benjamin Waldmann und Gabor Vinci, die mir immer mit viel Rat und Tat und fruchtbaren Diskussionen zur Seite standen. Ich danke auch meinen beiden Projektkollegen Dr.-Ing. Alexander Götz und Richard Rose für die hervorragende Zusammenarbeit! Besonderer Dank gilt Herrn Adrian Voinea der nicht nur mit seinen annähernd magischen Fähigkeiten in der Aufbautechnik zur Lösung vieler Probleme entscheidend beigetragen hat. Ich danke auch Dr.-Ing. Ulrich Tietze und Jochen Rascher für die gute Zusammenarbeit in der Lehre! Nicht zuletzt danke ich allen Mitarbeitern des Technischen Hilfswerks für die fruchtbare Kooperation!

Ohne die Mitarbeit meiner Studien-, Diplom-, Bachelor-, Masterarbeiter und studentischen Hilfskräfte Lukas Reuter, Matthias Maser, Markus Gardill, Gabor Bozsik, Susanne Brunner, Peter Tornegard, Stefan Ehrlich und Christoph Schmidt wäre ein solches Projektergebnis nicht in nur 3,5 Jahren zu erreichen gewesen. Vielen Dank für die große Einsatzbereitschaft und die hervorragende Arbeit!

Abschließend möchte ich meiner Mutter Herta Zorn größten Dank für ihre immerwährende Unterstützung und ihren Ansporn aussprechen! Vielen herzlichen Dank!

Kurzfassung

In dieser Arbeit wird ein neuartiges Verfahren zur hochpräzisen Ortung von Mobilfunkendgeräten für die Lokalisierung von Verschütteten nach Erdbebenszenarien vorgestellt. Im Rahmen dieser Dissertation werden die nötigen Grundlagen der beiden Mobilfunkstandards GSM[1] und UMTS[2] aufgezeigt, um die besonderen Anforderungen an eine Mobilfunkortung in diesen Systemen verständlich zu machen. Im Besonderen wird der Spreizgewinn eines CDMA-Systems im Hinblick auf eine erfolgreiche Störung mathematisch motiviert. Zudem wird der aktuelle Stand der Mobilfunkortung in diesem Zusammenhang beleuchtet und es wird aufgezeigt, dass derzeit kein Ansatz in der Lage ist, unter diesen Bedingungen eine gewünschte Ortungsgenauigkeit besser 50 m zu erreichen.

Das im Rahmen des BMBF[3]-geförderten Forschungsprojekts I-LOV[4] aufgestellte Systemkonzept wird aufgezeigt. Dabei wird klar, dass die Mobiltelefone für eine zuverlässige Lokalisierung gezwungen werden müssen, sich bei der eigens für diese Anwendung entwickelten I-LOV-BTS[5] anzumelden. Dies wird mithilfe von Jamming[6]-Techniken und der Nutzung des bekannten „Nur Notrufe“-Protokolls erreicht. Es werden drei Standard-Szenarien vorgestellt, die die am wahrscheinlichsten vorzufindenden Gegebenheiten zusammenfassen.

Jeweils für GSM und UMTS wird eine Störsenderarchitektur entworfen. Dabei werden die Anforderungen, das Systemkonzept, die Hardwareimplementierung und die messtechnische Charakterisierung dargelegt. Zusätzlich wird eine allgemeine Formel zur Vorhersage der benötigten Leistung eines UMTS-Jamming-Signals bezogen auf ein Standardszenario hergeleitet.

Schließlich wird die Leistungsmessung von Mobilfunksignalen in Bezug auf eine Ortung per Feldstärke untersucht. Dazu wird die Leistungsmessung allgemein kurz beleuchtet. Im

[1]Globales System für Mobilkommunikation, engl.: Global System for Mobile Communication

[2]Mobilfunkstandard der dritten Generation, engl.: Universal Mobile Telecommunications System

[3]Bundesministerium für Bildung und Forschung

[4]Intelligentes sicherndes Lokalisierungssystem für die Rettung und Bergung von Verschütteten

[5]GSM-Mobilfunk-Basisstation, engl.: Base Transceiver Station

[6]Stören einer Datenverbindung mithilfe eines Störsignals über die Luftschnittstelle

Anschluss wird die Entwicklung eines neuartigen GSM-Feldstärkesensormoduls beschrieben. Der komplette Systemansatz, von den Anforderungen über den Aufbau und der Hardware-Implementierung bis zur Messung und Erprobung wird aufgezeigt.

Das neuartige Ortungsverfahren für Mobilfunkendgeräte wurde in mehreren, auch internationalen Feldtests erprobt und liefert eine Ortsgenauigkeit im Bereich weniger Zentimeter.

Abstract

In this thesis a novel methodology for a highly accurate system for the localization of mobile devices of buried people in earthquake scenarios is presented. Within the scope of this dissertation all necessary basics of the world wide most popular mobile communication standards GSM[7] and UMTS[8] are depicted to reveal the special requirements of localization in cellular systems. In particular, the processing gain of a CDMA[9] system with respect to jamming is derived. Besides the current state of the art in mobile radio, localization is explained and it is proven that nowadays there is no approach capable of a localization accuracy better than 50 m. The system approach, which was invented within the scope of the BMBF[10] funded research project I-LOV[11], is highlighted. It falls into place that to achieve a reliable localization all mobiles have to be forced to connect to the ad hoc designed I-LOV BTS by the use of jamming techniques. Here, the well known "emergency only"-protocol is used. Three typical scenarios are being developed, which will most probably occure in earthquake emergency situations.

The jamming systems for both GSM and UMTS are derived. The requirements, the system concept, the hardware implementation, and the measurements are presented. In addition, a general formula determining the necessary power of a UMTS jamming signal related to a standard scenario is derived.

Finally, the basic principles of power measurements of mobile radio signals are highlighted. Subsequently the development of a novel GSM field intensity sensor unit is explained. The complete system approach including requirements, implementation and measurements is shown.

The new localization methodology for mobile phones has been tested in international field trials and provides an accuracy within the range of centimeters.

[7]Global System for Mobile Communication
[8]Universal Mobile Telecommunications System
[9]Code Division Multiple Access
[10]German Federal Ministry of Education and Research
[11]Intelligent Safeguarding Localization System for the Rescuing of People Trapped under Rubble

Inhaltsverzeichnis

[12]Bandspreizverfahren über vorgegebene Bitfolge, engl.: Direct Sequence Spread Spectrum

Abkürzungsverzeichnis

1G	Kommunikationsstandards der ersten Generation
3GPP	engl.: 3rd Generation Partnership Project
ADU	Analog-Digital-Umsetzer
AKF	Autokorrelationsfunktion
AN	Digitales Zugangsnetz inkl. Vermittlung, engl.: Access Network
AOA	Messung des Einfallswinkels, engl.: Angle Of Arrival
AWGN	Additives Weißes Rauschen mit Gaußscher Amplitudenverteilung, engl.: Additive White Gaussian Noise
BCCH	Downlink-GSM-Kanal, der dem Endgerät Informationen über die aussendende Zelle liefert, engl.: Broadcast Control Channel
BER	Bitfehlerrate, engl.: Bit Error Rate
BMBF	Bundesministerium für Bildung und Forschung
BP	Bandpassfilter
BSC	Kontrolleinheit für eine oder mehrere BTS, engl.: Base Station Controller
BSS	Basisstationsteilsystem, engl.: Base Station Subsystem
BTS	GSM-Mobilfunk-Basisstation, engl.: Base Transceiver Station
Burst	Eine begrenzte Anzahl von Schwingungen mit konstanter Dauer
CDMA	Codemultiplexverfahren, engl.: Code Division Multiple Access

CEPT	Europäische Konferenz der Verwaltungen für Post und Telekommunikation, franz.: Conférence Européenne des Administrations des Postes et des Télécommunications
CN	Verbindungsnetz, engl.: Core Network
CPICH	Gemeinsamer Pilotkanal einer UMTS-Zelle, engl.: Common Pilot Indicator Channel
CPWG	Koplanare Wellenleitung mit tieferliegender Masseebene, engl.: Coplanar Waveguide with Lower Ground Plane
CSD	Herkömmliche Sprachverbindung, engl.: Circuit Switched Data
DAU	Digital-Analog-Umsetzer, engl.: Digital to Analog Converter
DL	Datenübertragung von der Netzseite zum Endgerät, engl.: Downlink
DNG	Digitaler Rauschgenerator, engl.: Digital Noise Generator
DSP	Digitale Signalverarbeitung, engl.: Digital Signal Processing
DSSS	Bandspreizverfahren über vorgegebene Bitfolge, engl.: Direct Sequence Spread Spectrum
DTFT	Fouriertransformation für zeitdiskrete Signale, engl.: Discrete-Time Fourier Transform
ECB-Signal	Äquivalentes Basisbandsignal, engl.: Equivalent Complex Baseband Signal
ENOB	Effektive Bitanzahl, engl.: Effective Number Of Bits
FCCH	Frequenzkorrekturkanal, engl.: Frequency Correction Channel
FDMA	Frequenzmultiplexverfahren, engl.: Frequency Division Multiple Access
FIR	Filterarchitektur mit endlicher Impulsantwort, engl.: Finit Impulse Response

FPGA	Integrierter Schaltkreis der Digitaltechnik, in den eine logische Schaltung programmiert werden kann, engl.: Field Programmable Gate Array
GBW	Verstärkungs-Bandbreite-Produkt, engl.: Gain Bandwidth Product
GERAN	GSM-Netzwerkkern bestehend aus Basisstationen und dazugehörigen Controllern, engl.: GSM EDGE Radio Access Network
GMSK	Gaußsche Frequenzumtastung, engl.: Gaussian Minimum Shift Keying
GPRS	Allgemeiner paketorientierter Funkdienst, engl.: General Packet Radio Service
GSM	Globales System für Mobilkommunikation, engl.: Global System for Mobile Communication
HF	Hochfrequenz
HLR	Verzeichnis des Heimatortes, engl.: Home Location Register
HSCSD	Schnelle leitungsvermittelte Datenübertragung, engl.: High Speed Circuit Switched Data
I-LOV	Intelligentes sicherndes Lokalisierungssystem für die Rettung und Bergung von Verschütteten
IC	Integrierte Schaltung, engl.: Integrated Circuit
IIP3	Maß für die Nichtlinearität von Übertragungsgliedern, engl.: Third Order Input Intercept Point
IIR	Filterarchitektur mit unendlicher Impulsantwort, engl.: Infinit Impulse Response
IMSI	Eindeutige Teilnehmerkennung. Sie besteht aus dem Mobile Country Code (MCC, 3 Ziffern), dem Mobile Network Code (MNC, 2 oder 3 Ziffern) und der Mobile Subscriber Identification Number (MSIN, 1-10 Ziffern), engl.: International Mobile Subscriber Identity
ISI	Intersymbolinterferenz oder auch Symbolübersprechen

LCD	Flüssigkristallanzeige, engl.: Liquid Crystal Display
LDO	Linearregler, engl.: Low Dropout Regulator
LFSR	Lineares Rückkopplungs-Shift-Register, engl.: Linear Feedback Shift Register
LMU	Einheit zur Messung von TDOA-Signalen, engl.: Local Measurement Unit
LNA	Rauscharmer Verstärker, engl.: Low Noise Amplifier
LO	Lokaloszillator
LTE	Kommunikationsstandard der vierten Generation, engl.: Long Term Evolution
ME	Mobile Endgeräte, engl.: Mobile Equipment
MMTC	Stiller Verbindungsaufbau zwischen BTS und MS mit maximaler Sendeleistung, engl.: Modified Mobile Terminated Call
MS	Mobilstation GSM, umgangssprachlich: Handy, engl.: Mobile Station
MSC	Mobile Vermittlungsstelle, engl.: Mobile-Services Switching Centre
MSE	Mittlere quadratische Abweichung, engl.: Mean Square Error
MTC	Klassischer Verbindungsaufbau von BTS zu MS, engl.: Mobile Terminated Call
NCC	Provideridentifikationscode, engl.: Network Color Code
NF	Rauschzahl, engl.: Noise Figure
NMT	engl.: Nordic Mobile Telephone
Node B	UMTS-Mobilfunk-Basisstation
OFDM	Orthogonales Frequenzmultiplexverfahren, engl.: Orthogonal Frequency-Division Multiplexing
PA	Leistungsverstärker, engl.: Power Amplifier
PCB	Leiterplatte, engl.: Printed Circuit Board

PCH	Kanal zur Übermittlung eines Verbindungswunsches, engl.: Paging Channel
PDSN	Netzwerke wie das Internet, engl.: Packet Data Supporting Network
PLL	Phasenregelschleife, engl.: Phase-locked loop
PSD	Internetprotokoll (IP) basierter Datenverkehr, engl.: Package Switched
PSTN	Umgangssprachlich: Festnetz, engl.: Public Switched Telephone Network
PTAT	Proportional zur absoluten Temperatur, engl.: Proportional To Absolute Temperature
QPSK	Quadraturphasenumtastung, engl.: Quadrature Phase Shift Keying
RNC	Kontrolleinheit für Node B, engl.: Radio Network Controller
RSCP	Empfangene Leistung eines entspreizten Kanals; auch Nutzleistung, engl.: Received Signal Code Power
RSSI	Gesamte empfangene Leistung inkl. Rauschen in einem Kanal, engl.: Received Signal Strength Indicator
RTOF	Messung der Laufzeit eines Signals vom Sender zum Empfänger und wieder zurück, engl.: Roundtrip Time-Of-Flight
SAW	Akustische Oberflächenwelle, engl.: Surface Acoustic Wave
SCH	Synchronisationskanal, engl.: Synchronization Channel
SDR	Per Software konfigurierbare Sende- und Empfangsschaltung, engl.: Software Defined Radio
SF	Spreizfaktor, engl.: Spreading Factor
SIM-Karte	Einschubkarte in ein Mobiltelefon, die den Benutzer bei seinem Netzbetreiber identifiziert, engl.: Subscriber Identity Module

SMLC	Einheit zur Berechnung der Position einer MS aus TDOA-Daten, engl.: Serving Mobile Location Center
SMS	Kurznachricht mit ursprünglich 256 Zeichen, engl.: Short Message Service
SNR	Signal- zu Rauschleistungs-Verhältnis, engl.: Signal to Noise Ratio
SPI	Synchroner serieller Datenbus, engl.: Serial Peripheral Interface
TA	Maß für den nötigen Zeitversatz, den eine MS früher senden muss, um den richtigen Zeitschlitz zu treffen, engl.: Timing Advance
TACS	engl.: Total Access Communication System
TCH	Verkehrskanal, engl.: Traffic Channel
TDMA	Zeitmultiplexverfahren, engl.: Time Division Multiple Access
TDOA	Laufzeitdifferenz, engl.: Time Difference of Arrival
THW	Bundesanstalt Technisches Hilfswerk
TOA	Messung der Laufzeit eines Signals vom Sender zum Empfänger, engl.: Time Of Arrival
UARFCN	UMTS-Kanalnummer, engl.: UTRA Absolute Radio Frequency Channel Number
UE	Mobilstation UMTS, umgangssprachlich: Handy, engl.: User Equipment
UL	Datenübertragung vom Endgerät zum Kommunikationsnetz, engl.: Uplink
UMTS	Mobilfunkstandard der dritten Generation, engl.: Universal Mobile Telecommunications System
UTRAN	UMTS-Netzwerkkern bestehend aus Basisstationen und dazugehörigen Controllern, engl.: Universal Terrestrial Radio Access Network
VCO	Spannungsgesteuerter Oszillator, engl.: Voltage Controlled Oscillator

VGA	Verstärker mit variabler Verstärkung, engl.: Variable Gain Amplifier
VLR	Besucherortsregister, engl.: Visitor Location Register
WCDMA	Breitband-Codemultiplexverfahren, engl.: Wideband Code Division Multiple Access
WCDMA FDD	WCDMA mit Frequenzduplex, engl.: Frequency Division Duplexing
ZF	Zwischenfrequenz

1 Einleitung

Das Projekt I-LOV[1] befasst sich mit technischen rettungs- und bergungsunterstützenden Geräten bei Gebäudeschäden, bei denen Personen verschüttet werden können. Es setzt sich zum Ziel, Ansatzpunkte für eine Verbesserung der Sicherheit von Helfern und Opfern nach Gebäudeeinstürzen jeglicher Schädigungsart bei natürlichen oder anthropogenen Katastrophen und des Erfolges von Rettungsmaßnahmen zu liefern. Die effektive Ortung von Helfern und vor allem Opfern bildet dabei die Voraussetzung für effiziente Rettungsarbeiten mit geringer Gefährdung Verschütteter. Das Projektziel des Projektverbundes, bestehend aus THW[2] und Partnern aus Industrie und Forschung, ist dem zu Folge die Entwicklung einer neuen Rettungskette unter Berücksichtigung der bereits bestehenden Strukturen. Schematisch ist dies in Abbildung 1.1 dargestellt. Ein wesentlicher Aspekt ist dabei die begleitende Forschung durch die Technologiepartner der technischen Ausrüstung für Behörden und Organisationen mit Sicherheitsaufgaben, zusammengefasst als intelligentes sicherndes Lokalisierungssystem für die Rettung und Bergung von Verschütteten - „I-LOV“. Die sozialgesellschaftlichen und einsatzpsychologischen Aspekte von zukünftigen I-LOV-unterstützten Einsätzen werden technologiebegleitend zusammen mit dem THW durch Partner aus den genannten Bereichen durchgeführt [1].

Die neukonzipierte Rettungskette soll primär als nationale Erweiterung und technische Umsetzung des in Zusammenarbeit mit dem THW entstandenen Band 46 der Zivilschutzforschung „Methoden der Bergung Verschütteter aus zerstörten Gebäuden“ [2] gelten. Eine zeitnahe Ortung und Ermittlung der Lageposition von Opfern würde damit eine schnellere Rettung beziehungsweise Bergung der Verschütteten ermöglichen. Die Einwirkzeiten von Gefahren auf Einsatzkräfte und Opfer könnten hierdurch gering gehalten werden. Zudem könnte die belastende emotionale Komponente für die eingesetzten Hilfskräfte minimiert und gleichzeitig einer negativen Berichterstattung entgegengewirkt werden, weil innerhalb kurzer Zeit die verunglückten Personen geortet und gerettet werden könnten. Die physische

[1] Intelligentes sicherndes Lokalisierungssystem für die Rettung und Bergung von Verschütteten

[2] Bundesanstalt Technisches Hilfswerk

und psychische Belastung von Helfern und Verschütteten würden sich damit reduzieren lassen [1].

Eine Statistik der Bundesanstalt für Geowissenschaften und Rohstoffe zeigt, dass die Häufigkeit von Erdbeben der Stärke fünf und höher seit 2004 von durchschnittlich 1500 pro Jahr auf über 2000 pro Jahr angestiegen ist [3]. Zwar treten die meisten Erdbeben in dünn besiedelten Gebieten oder in tiefen Erdschichten auf, jedoch hat auch eine Häufung größerer Katastrophen stattgefunden. Die Unglücke in Haiti 2010 und Japan 2011 sind markante Beispiele. Nach solchen Ereignissen in dicht besiedelten Gebieten werden oft viele Menschen unter den Trümmern ihrer Häuser begraben. Auch in Deutschland kommt es immer wieder zu Gebäudeeinstürzen. Häufige Ursachen sind Gasexplosionen, Schlammlawinen nach Starkregen oder auch bauliche Mängel, die zu Dacheinstürzen oder gar zum Wegbrechen des Fundamentes führen. Als Beispiele seien hier das Dach der Eissporthalle in Bad Reichenhall 2006 und das Kölner Stadtarchiv 2009 genannt. Dabei passiert es leider oft, dass Menschen die einstürzenden Häuser nicht rechtzeitig verlassen können. Abgesehen von den Gefahren, die diese Situation für Leib und Leben der Opfer und Rettungskräfte darstellt, ist die größte Schwierigkeit bei der Bergung der Verschütteten deren genaue Lokalisierung.

Das Teilprojekt 4 im vom BMBF[3] geförderten Projekt I-LOV behandelt die Suche von Verschütteten in Erdbebenszenarien. Auf dem heutigen Markt für Katastrophenschutzmittel sind bereits einige Systeme erhältlich, die aber immer auf besonderen, durch die potentiellen Opfer mitzuführenden Anhängern (Tags) oder Ähnlichem beruhen, die dann geortet werden können. Beispiele sind hierfür die Systeme RECCO [4] und LVS [5]. Diese werden häufig bei Lawinengefahr eingesetzt. Der große Nachteil solcher Systeme ist die Notwendigkeit einer besonderen Beschaffung. Es kämen also zusätzliche Kosten auf alle gefährdeten Personen zu. Die Frage, wer als gefährdet gilt, ist zudem nicht leicht zu beantworten. Zwar ist die Wahrscheinlichkeit von einem Erdbeben überrascht zu werden zum Beispiel in der Nähe der San-Andreas-Verwerfung in Kalifornien deutlich höher als in der Eifel, aber auch dort hat man erst 2011 ein Erdbeben der Stärke 4,8 gemessen. Zusätzlich sind solche kommerziell erhältlichen Systeme nicht für eine Trümmersuche ausgelegt und bieten daher nur eine sehr begrenzte Reichweite. Auch deshalb liegt es nahe, als Ortungshilfsmittel das Gerät zu nutzen, das laut einer Untersuchung des THW 80% aller Verschütteten bei sich tragen: das Mobiltelefon [6].

Für die Ortung von Mobiltelefonen gibt es bereits verschiedenste Ansätze, meist Zellen- oder Laufzeitbasiert. Diese Verfahren bieten aber im günstigsten Fall eine Genauigkeit von 50 m, was für eine exakte Ortung in einem Trümmerfeld bei Weitem nicht ausreicht. Eine

[3] Bundesministerium für Bildung und Forschung

exaktere Ortung wäre nur mithilfe der in vielen MS[4] integrierten GPS-Chipsätze möglich. Dafür ist aber eine direkte Sichtverbindung zu mindestens vier Satelliten nötig, was unter Trümmern kaum möglich ist. Daher wurde im Projekt I-LOV ein neues Verfahren zur hochgenauen Ortung von MS entwickelt. Dabei werden zwei verschiedene Ansätze verfolgt. Zum einen ein neuartiges TDOA[5]-Verfahren [7–15] und zum anderen ein neues Konzept zur Feldstärkeortung [16–21]. Die vorliegende Arbeit basiert auf eben diesem Ansatz zur Feldstärkeortung. Mithilfe einer innovativen Kombination von BTS[6] [22], Störsender [23–27] und Feldstärkesensormodul [28,29] soll die bisherige Genauigkeitsgrenze von 50 m um den Faktor 1000 auf 5 cm verbessert werden. Damit soll eine punktgenaue Ortung der Mobiltelefone und damit der Opfer ermöglicht werden.

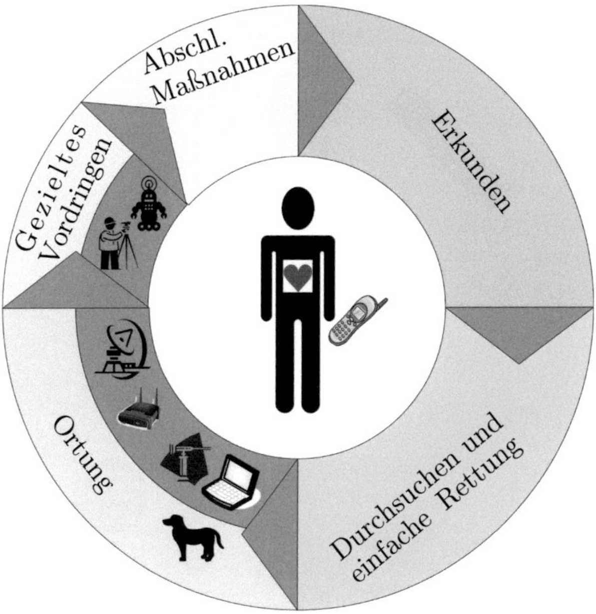

Abbildung 1.1: I-LOV-Gesamtkonzept [1].

[4]Mobilstation GSM, umgangssprachlich: Handy, engl.: Mobile Station

[5]Laufzeitdifferenz, engl.: Time Difference of Arrival

[6]GSM-Mobilfunk-Basisstation, engl.: Base Transceiver Station

2 Mobilfunk-Grundlagen

In den frühen 80er Jahren des 20. Jahrhunderts wurden kabellose Telefoniesysteme in ganz Europa kommerziell erhältlich. Die sogenannten 1G[1] - Standards bestanden aus verschiedenen heterogenen Systemen wie zum Beispiel dem NMT[2], Radiocomm 2000, TACS[3] oder den deutschen A-/B-und C-Netzen. Diese Standards basierten alle auf analoger Sprachübertragung. Mobilgeräte zu dieser Zeit waren groß, unhandlich und boten nur geringe Akkulaufzeiten. Zudem litt die Sprachqualität unter der analogen Sprachübertragung und eine Verschlüsselung war kaum möglich. Die meisten Systeme konnten leicht abgehört werden, sobald die Übertragungsfrequenz bekannt war. Aufgrund der vielfältigen nationalen Standards war sogenanntes Roaming, also die Nutzung eines Mobiltelefons außerhalb des eigenen Mobilfunknetzes, nicht möglich. Des Weiteren waren die Möglichkeiten der 1G-Systeme beschränkt und die Preise der mobilen Endgeräte sowie die anfallenden Gebühren sehr hoch. Zusatzdienste wie SMS[4] oder mobiles Internet wurden noch nicht angeboten. Dies führte bis dato zu einer im Allgemeinen geringen Verbreitung dieser Systeme. Eine Ausnahme bildeten in diesem Zusammenhang die skandinavischen Länder. Hier war das NMT bereits 1981 sehr erfolgreich und zählte beispielsweise in Schweden 20.000 Nutzer [30].

Der Grundstein für erschwingliche private Mobilkommunikation in Europa wurde 1981 mit der Gründung der „Group Speciale Mobile“ durch die CEPT[5] gelegt. Hier wurde beschlossen, ein europaübergreifendes Telekommunikationssystem zu entwickeln [31]. Dieser neue Standard, später bekannt als GSM[6], sollte das europäische Flickwerk an Kommunikationssystemen vereinen und Roaming ermöglichen. 1991 wurden in Finnland die ersten GSM-Netzwerke in Europa in Betrieb genommen. GSM löste die bereits erwähnten Nachteile der älteren Systeme und stellte gleichzeitig einige neue Eigenschaften zur Verfügung. Nun war

[1] Kommunikationsstandards der ersten Generation

[2] engl.: Nordic Mobile Telephone

[3] engl.: Total Access Communication System

[4] Kurznachricht mit ursprünglich 256 Zeichen, engl.: Short Message Service

[5] Europäische Konferenz der Verwaltungen für Post und Telekommunikation, franz.: Conférence Européenne des Administrations des Postes et des Télécommunications

[6] Globales System für Mobilkommunikation, engl.: Global System for Mobile Communication

digitale und verschlüsselte Sprachübertragung möglich, SMS-Nachrichten konnten versendet und die Identität eines jeden Teilnehmers konnte mithilfe der SIM-Karte[7] nachgewiesen werden. Durch die Weiterentwicklung der HF[8]-Empfängertechnik wurden Mobilgeräte immer kleiner und günstiger. Zusätzlich wurde die Akkulaufzeit stetig erhöht. Durch die Verbesserung der Benutzerfreundlichkeit, die Erweiterung der Funktionen sowie die Senkung der Gebühren wurde das Mobiltelefon schnell zu einem Begleiter für jedermann [32] mit einer europaweiten Netzabdeckung von mehr als 90% (vergleiche Abbildung 2.1). Eine Statistik aus dem Jahre 2012 zeigt, dass bereits 2011 83% aller deutschen Haushalte mindestens ein Mobiltelefon besaßen [33]. Nach einer weiteren Statistik besaß 2007 jeder Deutsche im Durchschnitt bereits 1,18 Mobiltelefone [34]. Daher liegt es nahe, GSM-Mobilfunk auch im Hinblick einer Ortung von verschütteten Personen zu untersuchen. Mitte der 90er Jahre explodierte die Nutzung des Internets förmlich und bald reichte die begrenzte Datenrate von GPRS[9] und HSCSD[10] des letzten GSM-Standards (GSM Phase 2+ aus dem Jahr 1998) nicht mehr aus, um die mobilen Bedürfnisse der Verbraucher zu bedienen. Das 3GPP[11] spezifizierte, auch als Reaktion darauf, den UMTS[12]-Standard. International wird dieser Standard auch häufig WCDMA[13] genannt. Bis heute wurde die Netzabdeckung stetig verbessert, so dass UMTS neben den großen Ballungszentren auch viele ländliche Gebiete abdeckt. Dies führt dazu, dass aktuelle Mobilgeräte immer beide Systeme unterstützen und GSM oft als Reservetechnologie nutzen, falls an einem Standort UMTS nicht verfügbar ist. Ähnliches gilt für den neuen Mobilfunkstandard LTE[14]. LTE wird im Ausblick dieser Arbeit betrachtet.

2.1 GSM-Mobilfunkstandard

In Kapitel 2.1 werden alle notwendigen Grundlagen des GSM-Mobilfunkstandards betrachtet, die im Hinblick auf eine Störung und eine Lokalisierung eines Mobilfunkendgerätes von Interesse sind. Eine ausführliche Behandlung aller Charakteristika des GSM-Standards

[7] Einschubkarte in ein Mobiltelefon, die den Benutzer bei seinem Netzbetreiber identifiziert, engl.: Subscriber Identity Module

[8] Hochfrequenz

[9] Allgemeiner paketorientierter Funkdienst, engl.: General Packet Radio Service

[10] Schnelle leitungsvermittelte Datenübertragung, engl.: High Speed Circuit Switched Data

[11] engl.: 3rd Generation Partnership Project

[12] Mobilfunkstandard der dritten Generation, engl.: Universal Mobile Telecommunications System

[13] Breitband-Codemultiplexverfahren, engl.: Wideband Code Division Multiple Access

[14] Kommunikationsstandard der vierten Generation, engl.: Long Term Evolution

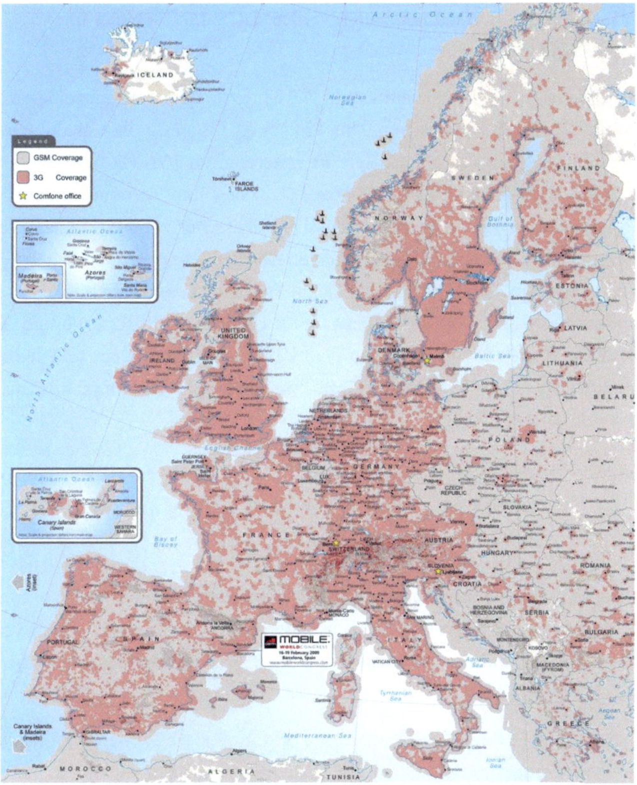

Abbildung 2.1: GSM- und UMTS-Netzabdeckung in Europa [35].

würde den Rahmen dieser Arbeit bei Weitem überschreiten. Für weitergehende Studien sei an dieser Stelle zum Beispiel auf [36–38] verwiesen.

2.1.1 GSM-Luftschnittstelle

Der GSM-Frequenzbereich wird aktuell in den Bereich des E-GSM 900-Bands von 880 MHz bis 960 MHz und in den Bereich des DCS 1800-Bands von 1710 MHz bis 1880 MHz aufgeteilt. DCS steht für Digital Cellular System. Da in dieser Arbeit aufgrund der besseren Ausbreitungseigenschaften in Trümmern vor allem E-GSM 900 von Bedeutung ist, soll im

Folgenden hauptsächlich dieses Band betrachtet werden. DCS 1800 arbeitet im Allgemeinen identisch zu E-GSM 900.

Das E-GSM 900-Band ist in 174 Kanäle aufgeteilt. Die Mittenfrequenz der einzelnen Kanäle des UL[15] kann für die Kanalnummern von 0 bis 124 aus (2.1) und für die Kanalnummern von 975 bis 1023 (entstanden durch eine spätere Erweiterung um 10 MHz beziehungsweise 50 Kanäle; E-GSM steht für Extended-GSM) aus (2.2) bestimmt werden. Wie aus diesen Gleichungen weiterhin zu erkennen ist, beträgt das Kanalraster 200 kHz. Es wird allerdings darauf geachtet, dass zwischen zwei verwendeten Kanälen immer ein Kanal unbenutzt bleibt, um Störungen zu vermeiden. Die Hauptkeule im Spektrum eines GSM-Kanals ist aufgrund der verwendeten GMSK[16]-Modulation etwa 400 kHz breit [36]. Der jeweilige DL[17] erfolgt immer in einem Kanal, der 45 MHz über dem UL liegt. Mithilfe eines sehr steilflankigen Duplexfilters erfolgt auf diese Weise die Trennung von Sende- und Empfangsdaten in der BTS[18]. Dies verdeutlicht (2.3) [36].

$$F_{UL}(n) = 890{,}0\,\mathrm{MHz} + 0{,}2\,\mathrm{MHz}\cdot n, \qquad 0 \leq n \leq 124 \tag{2.1}$$

$$F_{UL}(n) = 890{,}0\,\mathrm{MHz} + 0{,}2\,\mathrm{MHz}\cdot (n-1024), \qquad 975 \leq n \leq 1023 \tag{2.2}$$

$$F_{DL}(n) = F_{UL}(n) + 45\,\mathrm{MHz} \tag{2.3}$$

In jedem kabellosen Kommunikationssystem muss geregelt werden, wann welcher Nutzer die begrenzte Resource „Frequenzband" belegen darf, da die Bedürfnisse vieler Nutzer gleichzeitig bedient werden müssen. Abbildung 2.2 zeigt drei verschiedene Mehrfachzugriffsmethoden:

- FDMA[19]: Bei einem FDMA-Zugriffsverfahren bekommt jeder Teilnehmer einen kleinen festgelegten Frequenzabschnitt der zur Verfügung stehenden Bandbreite für eine komplette Übertragung zugewiesen.
- TDMA[20]: Wird TDMA verwendet, nutzen alle Teilnehmer das gleiche Frequenzspektrum. Um die Teilnehmer zu trennen wird jedem ein synchronisierter Zeitschlitz zugewiesen.
- CDMA[21]: CDMA ist das modernste Konzept. Hier kann jeder Teilnehmer zu jeder Zeit auf das komplette Frequenzspektrum zugreifen. Die Seperation der einzelnen

[15] Datenübertragung vom Endgerät zum Kommunikationsnetz, engl.: Uplink
[16] Gaußsche Frequenzumtastung, engl.: Gaussian Minimum Shift Keying
[17] Datenübertragung von der Netzseite zum Endgerät, engl.: Downlink
[18] GSM-Mobilfunk-Basisstation, engl.: Base Transceiver Station
[19] Frequenzmultiplexverfahren, engl.: Frequency Division Multiple Access
[20] Zeitmultiplexverfahren, engl.: Time Division Multiple Access
[21] Codemultiplexverfahren, engl.: Code Division Multiple Access

Teilnehmer gelingt, indem die ausgetauschten Daten mit einem speziellen Code verschlüsselt werden. Die Daten können dann im Empfänger mit dem richtigen Schlüssel decodiert werden.

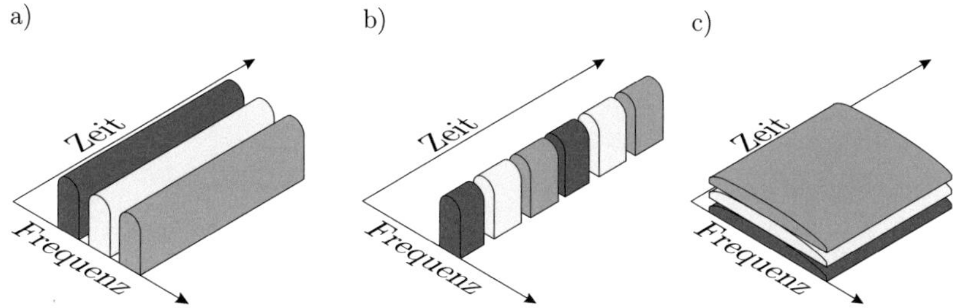

Abbildung 2.2: (a) FDMA, (b) TDMA und (c) CDMA als Schaubild.

Bei GSM findet zum einen das Zugriffsverfahren TDMA Verwendung. Ein TDMA-Rahmen wird dazu in acht Zeitschlitze unterteilt. Dadurch wird die Kapazität eines Kanals um das Achtfache erhöht. Ein TDMA-Rahmen beträgt 4,615 ms und ein Zeitschlitz somit circa 577 µs (siehe Abbildung 2.3) [36]. Eine MS[22] sendet demnach alle 4,615 ms für 577 µs.

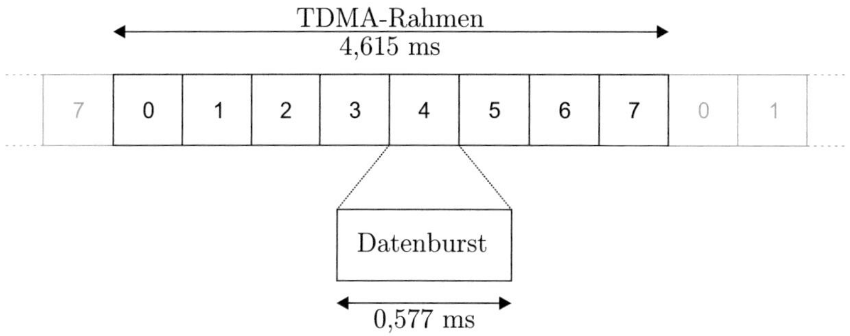

Abbildung 2.3: Zeitbasierte Aufteilung des Frequenzkanals.

Dadurch kann der Betrieb als gepulst angesehen werden, weshalb das ausgesandte Signal in einem Zeitschlitz auch Burst[23] genannt wird. Die Sendepulse einer MS müssen strenge Vorgaben einhalten. In Abbildung 2.4 ist die durch die 3GPP vorgegebene Maske gezeigt. In der MS sind zusätzlich DL und UL um drei Zeitschlitze zueinander verschoben. Dadurch

[22]Mobilstation GSM, umgangssprachlich: Handy, engl.: Mobile Station

[23]Eine begrenzte Anzahl von Schwingungen mit konstanter Dauer

muss die MS nicht in der Lage sein, gleichzeitig senden und empfangen zu können. Somit kann im Gegensatz zur BTS das Duplexfilter hinter der Antenne entfallen. Auf diese Weise sind geringere Herstellungskosten und eine geringere Baugröße für die MS möglich [37]. Neben der Unterteilung in Zeitschlitze wird auch FDMA angewandt. Jede BTS hat mehrere

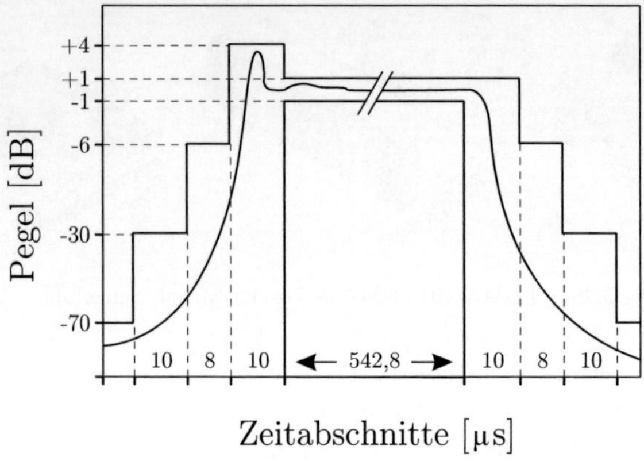

Abbildung 2.4: Leistungs-Zeit-Maske für GSM [36].

Frequenzen zur Verfügung, um die maximal gleichzeitig möglichen Gespräche pro Zelle zu erhöhen. Zusätzlich kann in einer Zelle das Frequenzsprungverfahren[24] angewendet werden. Dabei wird in jedem Zeitschlitz die Frequenz gewechselt, um nachteilige Kanaleigenschaften auszumitteln [36]. In dieser Arbeit wird das Frequenzsprungverfahren jedoch keine Rolle spielen, da eine Implementierung in einer BTS mit nur einem physikalischen Kanal nicht stabil möglich ist. Für eine Anwendung sei auf [Alex zitieren!!] verwiesen.

2.1.2 GSM-Netzarchitektur

In Abbildung 2.5 ist der grundlegende Aufbau der GSM-Netzarchitektur dargestellt, welche im Wesentlichen aus der fest installierten GSM-Infrastruktur und den MS besteht. Als Mobilstation werden alle Geräte bezeichnet, die dem Benutzer den Zugriff auf die Dienste (zum Beispiel Sprachtelefonie) des GSM-Netzwerks ermöglichen. Mobilstationen können bewegliche Geräte wie zum Beispiel Mobiltelefone, Autotelefone oder Datenkarten sein, aber auch ortsfeste GSM-Module (zum Beispiel in Alarmanlagen oder Fernmesseinrichtungen) fallen unter diesen Begriff. Die Mobilstation kommuniziert über die Funkschnittstelle

[24]engl.: Frequency Hopping

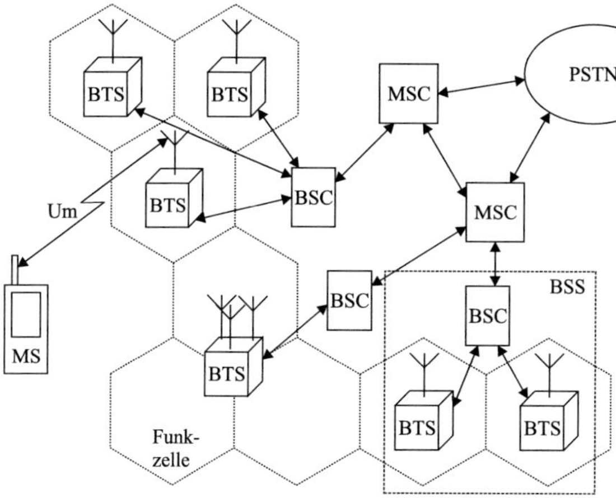

Abbildung 2.5: Systemarchitektur eines GSM-Netzes [37] (siehe auch Abbildung 2.10).

(Um) mit einer BTS. Die BTS beinhaltet Sender und Empfänger für einen oder mehrere Funkkanäle und versorgt damit die kleinste Einheit des GSM-Netzwerks, die Funkzelle. Dabei kann eine BTS eine oder mehrere Funkzellen bedienen. Die nächsthöhere Hierarchieebene bilden die BSC[25]. Ein BSC ist mit einer oder mehreren Basisstationen verbunden. Eine solche Einheit bezeichnet man als BSS[26]. Der BSC kümmert sich beispielsweise um den Handover innerhalb eines BSS. Ein solcher ist notwendig, wenn ein Mobiltelefon den Empfangsbereich einer Basisstation verlässt und die Funkzelle einer anderen BTS betritt. Die Funkverbindung wird dabei von der alten zur neuen Basisstation übertragen. Mehrere BSC sind mit einem MSC[27] verbunden. Zusätzlich sind die MSC untereinander verbunden. Das MSC steuert den Handover zwischen verschiedenen Basisstationssubsystemen und zwischen verschiedenen Mobilvermittlungszentren. Das MSC wickelt Anrufe ab, vermittelt die Gespräche entweder netzintern über andere MSC oder in das öffentliche Telefonnetz[28], stellt Zusatzdienstleistungen zur Verfügung und sammelt Abrechnungsdaten. Nicht in Abbildung 2.5 eingezeichnet sind übergeordnete Funktionseinheiten. Zum Beispiel speichern die HLR[29] den Aufenthaltsort der Mobilstationen, damit Anrufe und andere Nachrichten zu den jeweiligen MS durchgestellt werden können. Andere Einheiten kümmern sich um Authentifizierung und Sperrung von Endgeräten. Für das GSM-Netz steht nur eine begrenzte Anzahl

[25]Kontrolleinheit für eine oder mehrere BTS, engl.: Base Station Controller
[26]Basisstationsteilsystem, engl.: Base Station Subsystem
[27]Mobile Vermittlungsstelle, engl.: Mobile-Services Switching Centre
[28]engl.: Public Switched Telephone Network, PSTN
[29]Verzeichnis des Heimatortes, engl.: Home Location Register

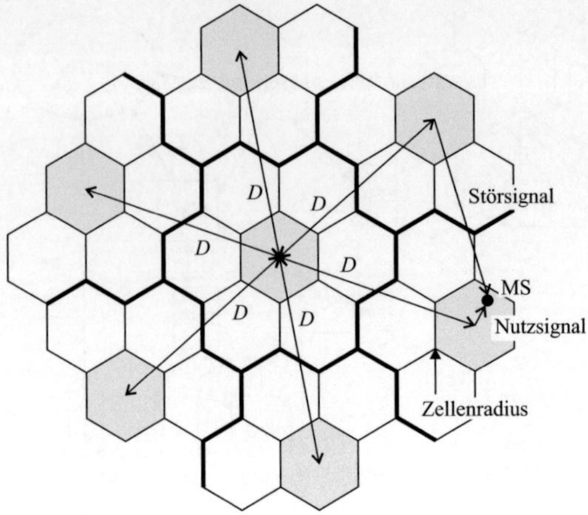

Abbildung 2.6: Die Zellenstruktur eines GSM-Netzwerks [37].

von 200 kHz breiten Funkkanälen zur Verfügung (siehe auch Kapitel 2.1.1). Es ist deshalb unabdingbar, dass mehrere Basisstationen die gleichen Frequenzen verwenden. Diese Mehrfachnutzung der Frequenzkanäle ist möglich, solange die Basisstationen, die die gleichen Kanäle benutzen, weit genug voneinander entfernt sind. Zur einfacheren Planung wird das Netz in wabenförmige Funkzellen aufgeteilt (vergleiche Abbildung 2.6). Jeder dieser Zellen wird ein bestimmter Bereich des GSM-Spektrums zugewiesen. Zwei benachbarte Zellen verwenden niemals die gleichen Kanäle, da es sonst unweigerlich zu Störungen kommen würde. Im Gegensatz zu einem WCDMA-Verfahren wie UMTS können im GSM-Standard mehrere Kanäle auf einer Frequenz nicht getrennt werden (vergleiche Kapitel 2.2.3). Die Aufteilung der Frequenzen erfolgt in einem regelmäßigen Muster, sodass die gleichen Frequenzen erst wieder im Frequenzwiederholabstand D verwendet werden. Je größer dieser Abstand ist, desto weniger können sich die Mobilfunkzellen gegenseitig stören. Gleichzeitig bedeutet ein großer Frequenzwiederholabstand auch, dass jeder Zelle weniger Kanäle zugewiesen werden können, da das zur Verfügung stehende Spektrum auf eine größere Zahl von Zellen aufgeteilt werden muss. Um den in Abbildung 2.6 gezeigten Abstand zu realisieren, sind beispielsweise sieben verschiedene Frequenzbündel notwendig. Weniger Kanäle pro Zelle haben eine reduzierte Gesprächskapazität des Funknetzwerks zur Folge. Um die Anzahl der gleichzeitig möglichen Telefonate pro Fläche zu erhöhen, muss der Zellenradius reduziert werden. Eine kleinere Zellengröße erhöht jedoch die Infrastrukturkosten, da hierfür mehr

Basisstationen notwendig sind. Aus diesem Grund liegt die Kunst bei der Planung eines Funknetzes darin, den wirtschaftlichsten Kompromiss zwischen Frequenzwiederholabstand, Zellengröße und Gesprächskapazität zu finden [37–39]. Die maximale Größe einer Zelle ist durch die Laufzeit der Signale innerhalb der Zelle begrenzt. Da TDMA auf einer exakten Synchronisierung von Sender und Empfänger basiert, muss sichergestellt werden, dass Signale ausschließlich in ihren eigenen Zeitschlitz fallen. Durch die unterschiedliche Laufzeit der Signale aufgrund ihres unterschiedlichen Abstandes zur BTS kann dies ohne zusätzliche Maßnahmen aber nicht gewährleistet werden. Um Kollisionen der Datenpakete zu verhindern, schätzt die BTS ständig den Abstand zur MS und erhöht proportional zu diesem den TA[30]-Wert für die MS. Der TA-Wert gibt in Vielfachen von der Bitdauer (circa 3,7 µs) von 0 bis 63 an, um wie viel früher eine MS senden muss, um den richtigen Zeitschlitz zu treffen. Dabei wird die benötigte Zeit für Hin- und Rückweg berücksichtigt. Daraus ergibt sich mit dem maximalen TA-Wert und der Lichtgeschwindigkeit c ein maximaler Zellenradius von

$$0{,}5 \cdot 64 \cdot 3{,}7\,\mu\text{s} \cdot c \approx 35\,\text{km}. \tag{2.4}$$

In wenig besiedelten Gebieten kann die Anzahl der Zeitschlitze pro Kanal auf vier halbiert werden, was die Dauer eines Zeitschlitzes verdoppelt. Dadurch kann der maximale Radius auf circa 70 km verdoppelt werden [37].

2.1.3 Modulation

Als Modulationsverfahren kommt bei GSM GMSK mit einem Zeit-Bandbreite-Produkt $BT = 0{,}3$ zum Einsatz. GMSK ist ein Phasenmodulationsverfahren und besitzt daher eine konstante Einhüllende. Dadurch werden keine hohen Linearitätsanforderungen an den Sendeverstärker gestellt. Nicht-lineare Verstärker arbeiten effizienter und verlängern so die Akkulaufzeit der MS. Das Konstellationsdiagramm von GMSK ist in Abbildung 2.7 zu sehen. I bezeichnet die Inphasekomponente, Q die Quadraturkomponente. Pro Symbol wird 1 Bit übertragen. Die Symbole sind dabei keinen festen Positionen im Konstellationsdiagramm zugeordnet, sondern werden relativ zum vorhergehenden Symbol codiert. Eine Phasendrehung um $\pi/2$ in positive Richtung entspricht logisch „1“, eine negative Phasendrehung um $\pi/2$ logisch „0“. Interpretiert als Frequenzmodulation entspricht bei GMSK der Frequenzabstand zwischen beiden Symbolen exakt der halben Datenrate. Der Wechsel zwischen den Symbolen findet immer an den Nulldurchgängen des Trägers statt. Gesendet wird mit einer

[30] Maß für den nötigen Zeitversatz, den eine MS früher senden muss, um den richtigen Zeitschlitz zu treffen, engl.: Timing Advance

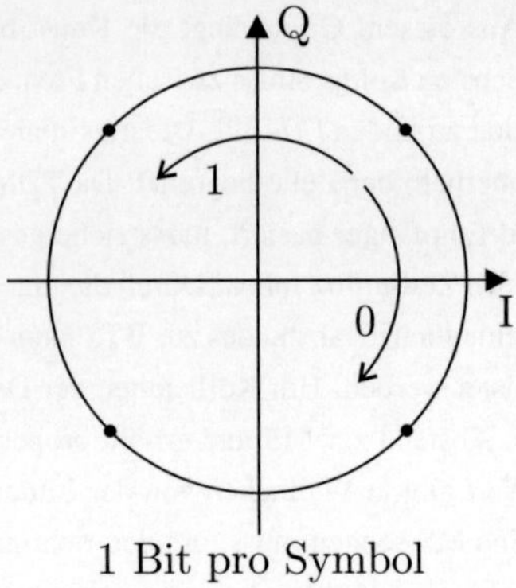

Abbildung 2.7: GMSK-Konstellationsdiagramm [37].

Symbolrate von 270.833 Symbolen/s, was einer Symboldauer von 3,69 µs entspricht. Zusammen mit dem Zeit-Bandbreite-Produkt von 0,3 ergibt sich daraus das Sendespektrum eines GSM-Kanals (siehe Abbildung 2.8) [36].

2.1.4 Logische Kanäle

Die physikalischen Kanäle bestimmen, an welcher Stelle im Spektrum Information gesendet wird, ohne dabei auf den Inhalt einzugehen. Die logischen Kanäle bestimmen, welche Art von Information transportiert wird. Dabei kann generell zwischen Nutzdaten (zum Beispiel Telefongespräche, Datenverbindungen, et cetera) und Signalisierungsdaten (zum Beispiel Verwaltungsinformationen, Anrufsignalisierung, et cetera) unterschieden werden. Es werden immer mehrere verschiedene logische Kanäle auf einem physikalischen Kanal übertragen. Um diese zu organisieren, wird eine bestimmte Anzahl von TDMA-Rahmen eines physikalischen Kanals zu einem Multirahmen zusammengefasst (siehe Abbildung 2.9). Die GSM-Spezifikation beschreibt sieben unterschiedliche Kanalkombinationen für Multirahmen. Diese legen fest, welche logischen Kanäle in welcher Reihenfolge gesendet werden. Für die Nutzdaten werden sogenannte TCH[31] verwendet. Diese gibt es in unterschiedlichen Ausführungen für Sprache und Paketdaten. Nutzdaten werden in einem Multirahmen, bestehend aus 26 TDMA-Rahmen, transportiert. Der Aufbau eines solchen Multirahmens ist in Abbildung 2.9(a) zu sehen. Es handelt sich hierbei um eine Vollraten-Sprachverbindung, das

[31] Verkehrskanal, engl.: Traffic Channel

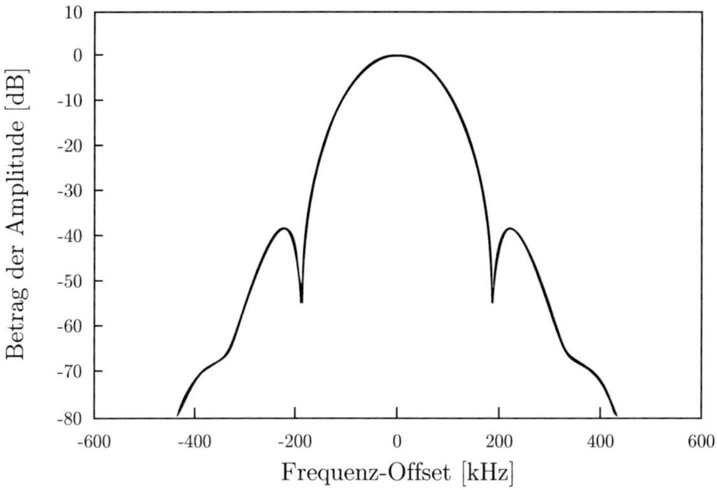

Abbildung 2.8: Spektrum eines GSM-Kanals [39].

heißt eine einzelne Telefonverbindung. Von den 26 Rahmen werden 24 für Nutzdaten verwendet. Rahmen 12 ist mit dem langsamen zugeordneten Kontrollkanal[32] belegt, welcher zur Steuerung der Nutzdatenverbindung dient. Rahmen 25 ist in diesem Fall unbelegt[33].

Im Folgenden wird eine Auswahl der wichtigsten Signalisierungskanäle erläutert:

BCCH: Rundrufkontrollkanal (englisch: Broadcast Control Channel). Über diesen Kanal werden alle Mobilstationen mit netzwerkspezifischen Parametern versorgt.

FCCH: Frequenzkontrollkanal (englisch: Frequency Control Channel). Es werden Frequenzkorrekturbursts gesendet, mit deren Hilfe die Basisstation die Mobilstationen mit einem Frequenznormal versorgt.

SCH: Synchronisationskanal (englisch: Synchronization Channel). Es werden Synchronisationsbursts gesendet, mit deren Hilfe sich die Mobilstation auf die Rahmenstruktur der Basisstation synchronisiert.

[32]engl.: Slow Associated Control Channel, SACCH

[33]engl.: Idle, I

T	T	T	T	T	T	T	T	T	T	T	T	S	T	T	T	T	T	T	T	T	T	T	T	T	I
0	1	2	3	4	5	6	7	8	9	10	11	12	13	14	15	16	17	18	19	20	21	22	23	24	25

T = TCH, S = SACCH, I = Idle

26 Rahmen = 120 ms

(a) 26er Multirahmen (Kombination I)

F	S	BCCH	CCCH	F	S	CCCH	F	S	CCCH	F	S	CCCH	F	S	CCCH	I
0	1	2-5	6-9	10	11	12-19	20	21	22-29	30	31	32-39	40	41	42-49	50

'downlink' F = FCCH, S = SCH, B = BCCH, C = CCCH (PCH, AGCH), I = idle

51 Rahmen = 235,38 ms

(b) 51er Multirahmen (Kombination IV)

Abbildung 2.9: Die Multirahmenformate in GSM [36].

PCH: Anrufkanal (englisch: Paging Channel). Über diesen Kanal sendet die Basisstation einer bestimmten Mobilstation eine Verbindungsanfrage.

AGCH: Zuweisungskanal (englisch: Access Grant Channel). Dieser Kanal dient dazu, einer Mobilstation einen dedizierten Signalisierungskanal zuzuweisen.

Für die Signalisierungskanäle wird ein Multirahmen aus 51 TDMA-Rahmen verwendet. Die in Abbildung 2.9(b) gezeigte Kanalkombination wird sehr häufig für Basisstationen mit mehreren Frequenzkanälen verwendet. Bei jeder Basisstation wird genau eine Kanalkombination mit FCCH[34] und SCH[35] verwendet. Diese liegt immer auf der Primärfrequenz in Zeitschlitz 0. Dabei wird der Frequenzkorrekturkanal immer in den Rahmen 0, 10, 20, 30 und 40 gesendet und der Synchronisationskanal immer im darauf folgenden Rahmen. Der BCCH[36] belegt bei dieser Kanalkombination immer die Rahmen 2 bis 5. In der Spezifikation ist eine weitere Kanalkombination vorgesehen, die nur aus BCCH und gemeinsamen Kontrollkanälen[37] besteht. Diese Kanalkombination darf ebenfalls nur auf der Primärfrequenz verwendet werden. Auf der primären Trägerfrequenz einer Basisstation wird keine Regelung der Sendeleistung vorgenommen, da die MS diese Frequenz zur Überwachung der Empfangsstärke verwendet. Die MS überwacht nicht nur die BTS mit der sie verbunden ist, sondern auch bis zu sieben weitere Basisstationen des eigenen Netzbetreibers im Umkreis.

[34] Frequenzkorrekturkanal, engl.: Frequency Correction Channel

[35] Synchronisationskanal, engl.: Synchronization Channel

[36] Downlink-GSM-Kanal, der dem Endgerät Informationen über die aussendende Zelle liefert, engl.: Broadcast Control Channel

[37] engl.: Common Control Channel, CCCH

Mithilfe dieser Messdaten wählt die MS immer die stärkste BTS des eigenen Netzanbieters aus [36].

2.1.5 Verhalten der Mobilstation bei der Basisstationssuche

Direkt nach dem Einschalten der MS muss sie sich auf eine BTS synchronisieren. Dazu werden zuerst die Frequenzen überprüft, die in der Nachbarzellenliste beim letzten Betrieb gespeichert wurden. Hier werden ständig bis zu sieben BTS des eigenen Netzbetreibers mit den stärksten Empfangspegeln abgelegt. Danach werden alle verfügbaren Frequenzbänder nach dem stärksten Kanal abgesucht. In der Regel ist dies die Primärfrequenz einer BTS, da dort in allen Zeitschlitzen mit voller Sendeleistung gesendet wird. Hat die MS den stärksten Kanal gefunden, so wird zuerst der FCCH gesucht. Kann das typische 67 kHz-Offset-Signal nicht gefunden werden, so handelt es sich nicht um die Primärfrequenz einer BTS und der nächst schwächere Kanal wird untersucht. Der konstante Sinus bei 67 kHz Offset entsteht durch ein dauerhaftes Senden von logisch "0", was einem unmodulierten Träger mit einem Versatz von $1625/24\,\text{kHz}$ ($\approx 67{,}7\,\text{kHz}$) entspricht [37].

Wird der FCCH erkannt, so benutzt die MS diesen, um sich auf das Frequenznormal der jeweiligen BTS abzustimmen. Ist dies erfolgreich, so wird der SCH für die zeitliche Synchronisation genutzt. Der SCH wird immer im achten Zeitschlitz gesendet und ermöglicht auf diese Weise die Synchronisierung mit der TDMA-Rahmenstruktur. Mit diesen zusätzlichen Informationen ist es möglich den BCCH zu finden und zu lesen. Der BCCH enthält alle Informationen, die notwendig sind, um sich mit der BTS zu verbinden. Unter anderem wird dort der Betreiber der BTS mitgeteilt. Handelt es sich nicht um den Netzbetreiber, der in der MS auf der SIM-Karte gespeichert ist, wird die Suche auf dem nächst schwächeren Kanal fortgesetzt. Erst wenn ein BCCH des passenden Netzbetreibers erfolgreich gelesen wurde, beginnt die Mobilstation zu senden. Die Suche nach einer BTS erfolgt also rein passiv [36].

2.2 UMTS/WCDMA

Im Folgenden soll ein Einblick in die Grundlagen von UMTS erfolgen. Es werden alle Aspekte, die für ein späteres Unterbrechen einer Verbindung von Interesse sind, beleuchtet. Dazu gehören vor allem die Netzarchitektur und die Luftschnittstelle. Gerade letztere unterscheidet sich erheblich von der bei GSM verwendeten. Eine detaillierte Beschreibung würde jedoch den Rahmen dieser Arbeit bei Weitem überschreiten. Daher soll hier auf einschlägige Literatur für weiterführende Studien [40–44] sowie die technischen Standards [45] hingewiesen werden.

2.2.1 UMTS-Netzarchitektur

Die Architektur des UMTS-Netzwerks unterliegt ständigen Weiterentwicklungen. Um den grundlegenden Aufbau zu erläutern wird im folgenden von der ersten Entwicklungsstufe des UMTS-Standards (R99, [46]) ausgegangen. Spätere Änderungen beziehen sich alle auf diese Stufe und sind für das Verständnis nicht ausschlaggebend. Wie aus Abbildung 2.10 ersichtlich, besteht die UMTS-Netzarchitektur aus drei Hauptblöcken, sogenannten Domains. Das CN[38] beinhaltet alle nötigen Schalt- und Routingelemente, um sogenannte CSD[39]-Daten mit dem PSTN[40] und PSD[41]-Daten mit dem PDSN[42] zu verbinden.

Die zweite Domain wird AN[43] genannt. Es beinhaltet alle Hard- und Softwarekomponenten, die zum Aufbau und zur Vermittlung von Gesprächen auf der mobilen Netzwerkseite benötigt werden. Heutzutage bestehen Mobilfunknetze häufig aus einer Kombination von GSM- und UMTS-Ressourcen. Diese werden als GERAN[44] beziehungsweise UTRAN[45] bezeichnet. Die Node B[46] entspricht hierbei der BTS und der RNC[47] dem BSC.

Die dritte Domain besteht aus dem sogenannten ME[48] zusammen mit einer SIM-Karte beziehungsweise USIM-Karte für UMTS. Als mobiles Endgerät wird diese Einheit MS für GSM beziehungsweise UE[49] für UMTS genannt. Einige Bezeichnungen in Abbildung 2.10 sind der Vollständigkeit halber eingezeichnet um Verknüpfungen aufzuzeigen. Sie sind aber für ein Grundverständnis des Aufbaus irrelevant. Für weiterführende Studien der UMTS-Netzarchitektur sei beispielsweise auf [41] verwiesen.

[38] Verbindungsnetz, engl.: Core Network
[39] Herkömmliche Sprachverbindung, engl.: Circuit Switched Data
[40] Umgangssprachlich: Festnetz, engl.: Public Switched Telephone Network
[41] Internetprotokoll (IP) basierter Datenverkehr, engl.: Package Switched
[42] Netzwerke wie das Internet, engl.: Packet Data Supporting Network
[43] Digitales Zugangsnetz inkl. Vermittlung, engl.: Access Network
[44] GSM-Netzwerkkern bestehend aus Basisstationen und dazugehörigen Controllern, engl.: GSM EDGE Radio Access Network
[45] UMTS-Netzwerkkern bestehend aus Basisstationen und dazugehörigen Controllern, engl.: Universal Terrestrial Radio Access Network
[46] UMTS-Mobilfunk-Basisstation
[47] Kontrolleinheit für Node B, engl.: Radio Network Controller
[48] Mobile Endgeräte, engl.: Mobile Equipment
[49] Mobilstation UMTS, umgangssprachlich: Handy, engl.: User Equipment

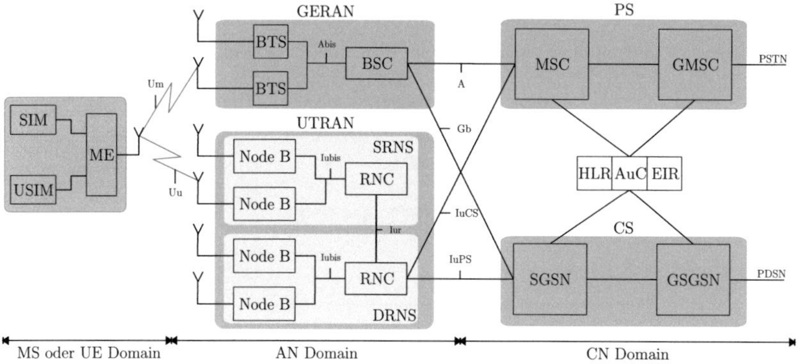

Abbildung 2.10: UMTS-und GSM-Netzarchitektur.

2.2.2 Frequenzbänder

In Europa wird für WCDMA FDD[50], wie UMTS auch genannt wird, das sogenannte Band I verwendet [47]. Der für das Band I reservierte Frequenzbereich ist in Tabelle 2.1 aufgezeigt. Hier stehen UL und DL für Up- und Downlink, also für eine Verbindung von UE zu Node B und in entgegengesetzter Richtung.

Das Kanalraster beträgt auch bei UMTS 200 kHz(die Kanalbandbreite jedoch 5 MHz), was dazu führt, dass die Mittenfrequenz eines jeden Kanals ein ganzzahliges Vielfaches von 200 kHz sein muss. Daraus kann eine eindeutige Nummer zur Benennung jeder UMTS-Trägerfrequenz abgeleitet werden, die sogenannte UARFCN[51] (siehe Tabelle 2.2).

$$\text{UARFCN} = 5\, f_{\text{Träger}}\, [\text{MHz}]\,. \tag{2.5}$$

Teilt man die Minimal- und Maximalwerte der UARFCN durch den Faktor 5 wird klar, dass nur Frequenzen in den Bereichen

$$1922{,}4\,\text{MHz} \leq f_{\text{UL}} \leq 1977{,}6\,\text{MHz} \tag{2.6}$$

$$2112{,}4\,\text{MHz} \leq f_{\text{DL}} \leq 2167{,}6\,\text{MHz} \tag{2.7}$$

in den europäischen Netzen zugewiesen werden können. Dies beruht auf der Standardkanalbandbreite von 5 MHz und der Vorgabe, dass keine Spektralanteile außerhalb von Band I

[50] WCDMA mit Frequenzduplex, engl.: Frequency Division Duplexing

[51] UMTS-Kanalnummer, engl.: UTRA Absolute Radio Frequency Channel Number

auftreten dürfen [47]. Der RX-TX-Abstand beträgt bei UMTS fest 190 MHz [47]. Somit hat ein UMTS-Uplink-Kanal auf der Frequenz f_{UL} ein Downlink-Gegenstück bei

$$f_{\mathrm{DL}} = f_{\mathrm{UL}} + 190MHz. \tag{2.8}$$

(2.8) kann auch in UARFCN ausgedrückt werden:

$$\mathrm{UARFCN}_{\mathrm{DL}} = \mathrm{UARFCN}_{\mathrm{UL}} + 950. \tag{2.9}$$

UL Frequenz [MHz]	DL Frequenz [MHz]
1920 - 1980	2110 - 2170

Tabelle 2.1: UMTS Band I Frequenzen.

UL UARFCN	DL UARFCN
9612 - 9888	10562 - 10838

Tabelle 2.2: UARFCN Bereiche für das Band I.

2.2.3 UMTS-Luftschnittstelle

Um herauszufinden wie ein Übertragungsstandard für Jamming angreifbar ist, ist es wichtig, dessen Luftschnittstelle präzise zu kennen, denn das Störsignal muss ebenfalls über die Luftschnittstelle in das System eingebracht werden. Im Folgenden soll in kurzen Abschnitten auf die wichtigsten Aspekte der UMTS-Luftschnittstelle eingegangen werden.

Der Fokus liegt hier auf den Prinzipien die nötig sind, um ein UMTS-Jammingsystem zu entwickeln. Daher werden vor allem Downlink-Spreizung, Modulation und Entspreizung behandelt. Die nachrichtentechnischen Grundlagen in diesem Kapitel wurden aus [48, 49] entnommen. Für einen tieferen Einblick in die Prozesse der physikalischen Schicht sei auf [40, 42, 44] verwiesen. Diese Werke dienten zusammen mit [50, 51] ebenfalls als Grundlage in diesem Kapitel.

2.2.3.1 CDMA-Sendesignal nach dem DSSS[52]-Prinzip

Um CDMA-Techniken zu verstehen ist es unerlässlich die Grundlagen des Bandspreizverfahrens zu kennen. Shannons Formel zur Kanalkapazität [48]

$$C = B \log_2 \left(1 + \frac{S}{N}\right), \tag{2.10}$$

drückt die Kapazität eines AWGN[53]-Kanals durch die verwendete Bandbreite B und das Verhältnis der Leistung des Nutzsignals S zur Leistung des Rauschens N aus. Formel 2.10 sagt aus, dass ein Signal mit einer Datenrate R von bis zu

$$R = \frac{1}{T_b} \leq C \left[\frac{\text{bit}}{\text{s}}\right] \tag{2.11}$$

fehlerfrei über den Kanal übertragen werden kann [48], wobei T_b die Bitdauer darstellt. Bereits hieraus wird klar, dass sich mit steigender Bandbreite B auch die Kanalkapazität C erhöht. Anders ausgedrückt bedeutet das, dass bei einer fehlerfreien Zieldatenrate R_T eine Verschlechterung des SNR[54] $= S/N$ zugelassen werden kann, solange die Bandbreite B in ausreichendem Maße erhöht wird.

In digitalen Übertragungen kann das SNR auch durch

$$\frac{S}{N} = \frac{E_b/T_b}{\mathcal{N}_0 B} = \frac{(1/T_b)(E_b/\mathcal{N}_0)}{B} = \frac{R}{B}\frac{E_b}{\mathcal{N}_0}, \tag{2.12}$$

ausgedrückt werden [51]. S ist die empfangene Leistung des Nutzsignals, N die Rauschleistung, B die für die Übertragung verwendete Bandbreite, R die Datenrate des übertragenen Signals, $\mathcal{N}_0$ die einseitige spektrale Rauschleistungsdichte und E_b die empfangene Energie pro Bit. $E_b/\mathcal{N}_0$ ist somit das Verhältnis der Signalenergie pro Bit zur Rauschleistung pro 1 Hz und ist ein bestimmender Parameter für die BER[55] digitaler Übertragungsarten. Verringert sich das Verhältnis $E_b/\mathcal{N}_0$, steigt die BER und umgekehrt.

Aus (2.12) wird ersichtlich, dass eine Verschlechterung des SNR von einer Erhöhung der Bandbreite B ausgeglichen werden kann, während die Datenrate R der Übertragung und $E_b/\mathcal{N}_0$, somit also die BER, konstant bleiben. Unter der Voraussetzung einer konstanten Datenrate R, konstanter Leistung des Nutzsignals S und einem nötigen $E_b/\mathcal{N}_0$ für eine vorgegebene BER ist ersichtlich, dass eine Verdoppelung der verwendeten Bandbreite B eine

[52] Bandspreizverfahren über vorgegebene Bitfolge, engl.: Direct Sequence Spread Spectrum

[53] Additives Weißes Rauschen mit Gaußscher Amplitudenverteilung, engl.: Additive White Gaussian Noise

[54] Signal- zu Rauschleistungs-Verhältnis, engl.: Signal to Noise Ratio

[55] Bitfehlerrate, engl.: Bit Error Rate

Verdoppelung der Rauschleistung N erlaubt. Daraus abgeleitet folgt, dass das Verhältnis der genutzten Bandbreite B zur Datenrate R auch als Prozessgewinn G_p bezeichnet werden kann:

$$G_p = \frac{B}{R}. \tag{2.13}$$

G_p beschreibt wie viel zusätzliche Interferenz durch die Spreizung der Bandbreite erlaubt werden kann, ohne die ursprüngliche BER der schmalbandigen Übertragung zu erhöhen.

Schlussendlich kann aus dem Prozessgewinn G_p auch ein anderer charakteristischer Parameter für Bandspreiz-Systeme abgeleitet werden: Die Jamming-Reserve M_j. Wird $E_b/\mathcal{N}_0$ auf einen Wert festgelegt, der für eine zuverlässige Übertragung mindestens notwendig ist und erfährt das CDMA-System einen Prozessgewinn G_p, so kann das SNR aus (2.12) auch als Jamming-Reserve interpretiert werden. M_j beschreibt das tolerierbare Maß an Interferenz bezogen auf die gewünschte Nutzsignalleistung [51]:

$$M_j = G_p / \left(\frac{E_b}{\mathcal{N}_0}\right); \tag{2.14}$$

$$M_j\,[\mathrm{dB}] = G_p\,[\mathrm{dB}] - 10\log_{10}\left(\frac{E_b}{\mathcal{N}_0}\right). \tag{2.15}$$

Im Allgemeinen werden alle Übertragungstechniken, die das Konzept der Verbreiterung der Bandbreite über einen deutlich größeren als den nötigen Frequenzbereich verwenden, Bandspreizverfahren genannt. Wie gezeigt wurde bieten sie einige Vorteile. Im Kontext dieser Arbeit spielt der mögliche Mehrfachzugriff und die größere Störfestigkeit gegenüber schmalbandigen Störern eine Rolle. Speziell auf letzteres wird im Anschluss noch genauer eingegangen werden.

Da vor allem die Verarbeitung der DSSS[56]-Signale im UE und deren Effekt im Hinblick auf Jammingstrategien von Interesse sind, soll nur kurz auf die Erzeugung von DSSS-Signalen eingegangen werden. Eine Möglichkeit dazu wird im Folgenden als digitale Spreizung bezeichnet. Dabei wird die Sendesymbolfolge $a[k]$ direkt im diskreten Zeitbereich gespreizt. Abbildung 2.11 illustriert diese Architektur. Nachdem der Bitstrom $b[k]$ auf den Symbolstrom $a[k]$ abgebildet wurde (im Beispiel für BPSK-Modulation), wird die Abtastrate von $a[k]$ um den Faktor L erhöht. L entspricht der Länge des zu verwendenden Spreizcodes. Es werden also $L-1$ Abtastwerte mit dem Wert null zwischen zwei aufeinanderfolgenden Abtastwerten von $a[k]$ platziert. Daraus resultiert $a_u[l]$ mit

$$a_u[l] = \begin{cases} a[k] & l = Lk \\ 0 & \text{sonst} \end{cases}. \tag{2.16}$$

[56]Bandspreizverfahren über vorgegebene Bitfolge, engl.: Direct Sequence Spread Spectrum

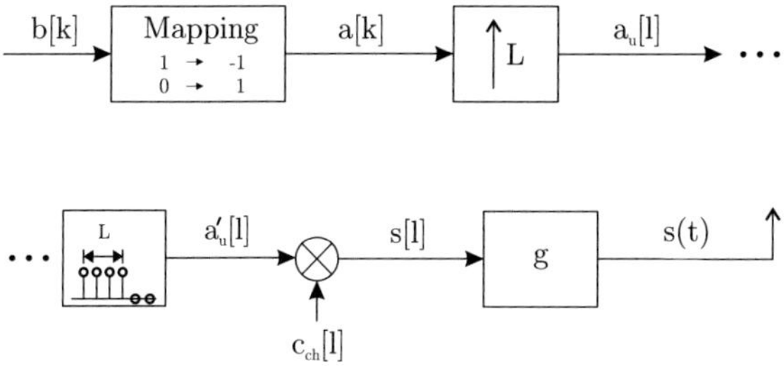

Abbildung 2.11: Digitales Bandspreizverfahren.

Im nächsten Schritt wird $a_u[l]$ mit einem digitalen Filter mit einer rechteckigen Impulsantwort der Länge L gefiltert. Dadurch werden die $L-1$ eingefügten Abtastwerte mit dem Wert null jeweils auf den vorhergehenden Wert ungleich null gesetzt:

$$a'_u[l] = \begin{cases} a_u[k] & l = Lk \\ a_u[k] & (Lk)+1 \leq l \leq (Lk)+(L-1) \end{cases}. \tag{2.17}$$

Die Spreizung wird durch die Multiplikation von $a'_u[l]$ mit dem Spreizcode $C_{ch}[l \bmod L]$ in einer Endlosschleife vollendet

$$s[l] = a'_u[l]\, C_{ch}[l \bmod L] \tag{2.18}$$

und $s[l]$ wird durch

$$s'(t) = \sum_{l=-\infty}^{+\infty} s[l]\delta(t-lT_c) = \sum_{l=-\infty}^{+\infty} a'_u[l]\, C_{ch}[l \bmod L]\delta(t-lT_c) \tag{2.19}$$

$$= \sum_{k=-\infty}^{+\infty} \sum_{l=0}^{L-1} a[k]\, C_{ch}[l]\delta(t-kT_S-lT_c) \tag{2.20}$$

in ein zeitkontinuierliches Signal transformiert. Die Filterung von $s'(t)$ mit dem UMTS-Sendefilter $g(t)$ ergibt schlussendlich

$$s(t) = s'(t)*g(t) = \sum_{k=-\infty}^{+\infty} \sum_{l=0}^{L-1} a[k]\, C_{ch}[l]\delta(t-kT_S-lT_c)*g(t)$$

$$= \sum_{k=-\infty}^{+\infty} \sum_{l=0}^{L-1} a[k]\, C_{ch}[l] g(t-kT_S-lT_c). \tag{2.21}$$

Es ist ersichtlich, dass die Erhöhung der Chiprate T_C gegenüber der Symbolrate T_S für eine intersymbolinterferenzfreie Übertragung eine Verkürzung der Impulsantwort des Sendegrundimpulsfilters $g(t)$ um den Faktor T_S/T_C erfordert. Dies wiederum resultiert in einer

Erhöhung der Bandbreite von $g(t)$ um eben diesen Faktor. Nur für einen möglichst zufälligen Spreizcode $C_{ch}[l]$ wird diese vergrößerte Bandbreite auch von der gespreizten Symbolfolge ausgenutzt [48, 50] (man betrachte zum Beispiel als Gegenbeispiel den konstanten Spreizcode $C_{ch}[l] = 1 \forall l$). Dann ist das Verhältnis aus Bandbreite des ungespreizten Signals zu Bandbreite des gespreizten Signals proportional zu

$$SF = \frac{T_S}{T_C}, \tag{2.22}$$

mit der Symboldauer T_S und der Chipdauer T_C. Dieses Verhältnis wird als Spreizfaktor SF[57] bezeichnet und ist gleich dem Prozessgewinn G_P.

2.2.3.2 Modulation

Im UMTS-Mobilfunkstandard gibt es einige konzeptionelle Unterschiede zwischen DL- und UL-Modulation. Da der Schwerpunkt in dieser Arbeit auf der Störung der von der Basisstation ausgesendeten Kanäle liegt, wird hier nur auf die Modulation im DL eingegangen.

2.2.3.2.1 Architektur der Modulation Während des Modulationsvorgangs wird das gewichtete Signal T, welches aus der Kombination der verschiedenen logischen, physikalischen und Transport-Kanälen besteht, auf einen Träger aufmoduliert. Es wird das QPSK[58]-Verfahren verwendet. Abbildung 2.12 zeigt die Architektur der UMTS-Modulation, wie sie im Standard [52] beschrieben ist. Das Eingangssignal T wird in I- und Q-Anteil aufgeteilt und jeweils mit der Übertragungsimpulsantwort gefiltert. Im Anschluss werden die beiden Basisbandsignale auf die HF-Ebene gemischt, indem sie entsprechend mit einem mit $\sqrt{2}$ gewichteten Cosinus beziehungsweise negativen Sinus der Trägerfrequenz $f = \omega/2\pi$ multipliziert werden. Anschließend werden die beiden Signale addiert.

2.2.3.2.2 Sende-Filter Die Impulsantwort des UMTS-Sende-Filters hat eine Root-Raised-Cosine-Form und ist in [47] definiert als:

$$g(t) = \frac{\sin\left(\pi \frac{t}{T_C}(1-\alpha)\right) + 4\alpha \frac{t}{T_C} \cos\left(\pi \frac{t}{T_C}(1+\alpha)\right)}{\pi \frac{t}{T_C}\left(1 - \left(4\alpha \frac{t}{T_C}\right)^2\right)}, \tag{2.23}$$

[57] Spreizfaktor, engl.: Spreading Factor

[58] Quadraturphasenumtastung, engl.: Quadrature Phase Shift Keying

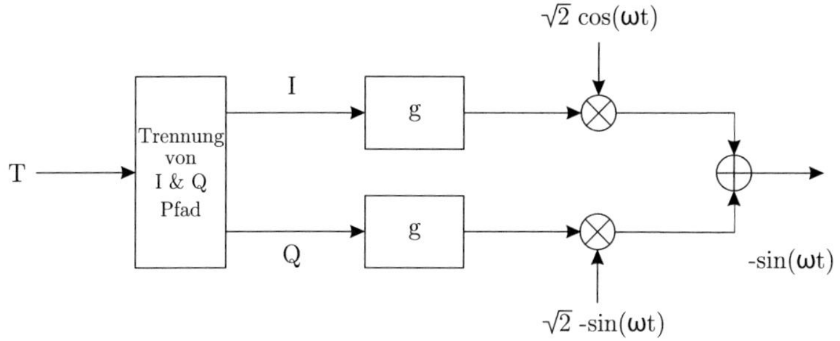

Abbildung 2.12: UMTS-Downlink-Modulation.

wobei der Roll-Off-Faktor α zu

$$\alpha = 0.22 \tag{2.24}$$

gewählt wird. T_c ist die Länge eines Chips:

$$T_C = \frac{1}{\text{Chiprate}} = \frac{1}{3.84\,\text{Mcps}} \approx 260.417\,\text{ns}. \tag{2.25}$$

Die Sprungantwort in Zeit- und Frequenzbereich des Filters ist in Abbildung 2.13 zu sehen. Aus dem Frequenzgang wird ersichtlich, dass jeder UMTS-Kanal eine Bandbreite von 5 MHz belegt. Dieses Filter ist für UMTS ein sogenanntes Optimalfilter. Es maximiert das SNR und gewährleistet ISI[59]-freie Übertragung.

2.2.3.3 DSSS-Empfang in UMTS

Bisher wurde gezeigt, wie ein Schmalband-Signal durch Anwendung des DSSS-Prinzips auf eine deutlich größere Bandbreite gespreizt werden kann. Um jedoch zu verstehen, warum UMTS eine höhere Toleranz als GSM gegenüber schmalbandigen Störern hat, muss geklärt werden, welche Prozesse beim Rückgewinn der Daten im Empfänger ablaufen. Dies soll in diesem Kapitel qualitativ anhand von Diagrammen und auch allgemein mathematisch hergeleitet werden. Daraus wird abgeleitet wie sich die Erhöhung der Störfestigkeit manifestiert.

[59] Intersymbolinterferenz oder auch Symbolübersprechen

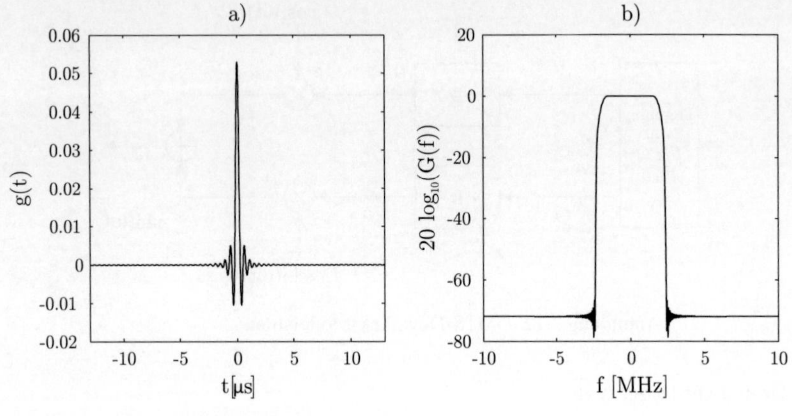

Abbildung 2.13: UMTS Root-Raised-Cosine-Filter: a) Zeitbereich, b) Frequenzbereich.

2.2.3.3.1 Qualitative Beschreibung Es wird ein AWGN-Kanal angenommen, auf welchem dem Sendesignal $s(t)$ weißes Rauschen $n(t)$ überlagert wird. Das Empfangssignal $r(t)$ ergibt sich aus

$$r(t) = s(t) + n(t). \tag{2.26}$$

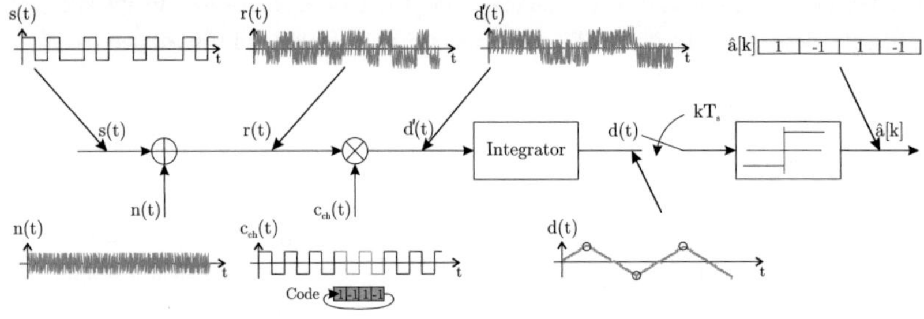

Abbildung 2.14: Funktionsweise eines DSSS-Empfängers.

Als Empfänger wurde die Struktur aus Abbildung 2.14 gewählt. Im ersten Schritt wird das empfangene Signal $r(t)$ mit dem zeitkontinuierlichen Spreizcode $c_{ch}(t)$ multipliziert:

$$d'(t) = r(t)\,c_{ch}(t) = (s(t) + n(t))\,c_{ch}(t) = s(t)c_{ch}(t) + n(t)c_{ch}(t). \tag{2.27}$$

Der Anteil des Nutzsignals kann in diesem einfachen Beispiel auch durch

$$s(t)c_{ch}(t) = a(t)\,c_{ch}(t)\,c_{ch}(t) = a(t) \tag{2.28}$$

ausgedrückt werden. Die mathematisch exakte Herleitung der Rücktransformation erfolgt in Kapitel 2.2.3.3.2. Durch die erneute Multiplikation von $s(t)$ mit $c_{ch}(t)$ wird also die Bandspreizung entfernt beziehungsweise rückgängig gemacht. Auch der Rauschanteil von $r(t)$ wird mit dem Spreizcode $c_{ch}(t)$ multipliziert. Dabei gilt näherungsweise:

$$n(t)c_{ch}(t) = n(t), \tag{2.29}$$

Das Rauschen wird mit einer Rechteckfunktion mit Amplitude eins multipliziert, wodurch die spektrale Verteilung nicht beeinflusst wird. Das Rauschsignal vor und nach der Multiplikation ist zwar nicht identisch, hat aber die gleichen Eigenschaften. Für die weitere Rechnung ist demnach die Näherung aus (2.29) gültig.

Die darauffolgende Integration wirkt wie ein Tiefpassfilter, welches die Bandbreite von $d'(t)$ auf die Bandbreite von $a(t)$ reduziert. Da die Leistung von $n(t)$ aufgrund seines weißen Charakters über eine große Bandbreite verteilt ist, verbleibt nur ein geringer Anteil der Rauschleistung in $d(t)$. Unter Voraussetzung einer perfekten Symboltaktsynchronisation wird $d(t)$ exakt zu den Zeitpunkten $t = kT_S$ abgetastet und die gesendete Symbolsequenz $a[k]$ kann genau wiederhergestellt werden.

Abbildung 2.15 veranschaulicht den Prozess der Entspreizung qualitativ. Dabei zeigt a) das Spektrum von $a(t)$ vor der Bandspreizung und b) das Spektrum von $s(t)$ danach. Abbildung 2.15 c) zeigt das empfangene Signal $r(t)$ mit AWGN-Rauschanteil. Auffällig ist das niedrige Breitband-SNR. Hier sind negative Werte durchaus möglich. Das Sendesignal kann also völlig im Rauschen versteckt sein, weshalb die Bandspreizung auch zuerst in militärischen Übertragungssystemen eingesetzt wurde. Eine Kommunikation kann so nur sehr schwer abgehört oder geortet werden [53]. Abschnitt d) zeigt das empfangene Signal nach der Entspreizung, wodurch die Bandbreite von $s(t)$ wieder in die schmale Bandbreite von $a(t)$ zurück transformiert wird. Nach der Tiefpassfilterung ist aus e) klar die Steigerung des SNR gegenüber c) ersichtlich. Man erkennt zudem, dass eine DSSS-Übertragung keinen grundsätzlichen Vorteil gegenüber digitalen Übertragungsarten ohne Bandspreizung in der Robustheit im Bezug auf AWGN aufweist, wie aus Abbildung 2.15 f) und g) ersichtlich wird. Jedoch ist eine DSSS-Kommunikation deutlich robuster gegenüber Ein-Ton- und Schmalband-Störern. Dies soll mithilfe von Abbildung 2.16 genauer erklärt werden.

In Abbildung 2.16 ist der Ein-Ton-Störer in grün eingezeichnet und der Schmalband-Störer in blau. Wie in Abbildung 2.15 ist in Abschnitt a) und b) jeweils das Signalspektrum vor und nach der Bandspreizung zu sehen. Abbildung 2.16 c) zeigt das Signalspektrum mit überlagerten Störern, d) das Spektrum nach der Entspreizung und e) nach der Tiefpass-Filterung. In beiden Störfällen kann das Empfangssignal $r(t)$ durch

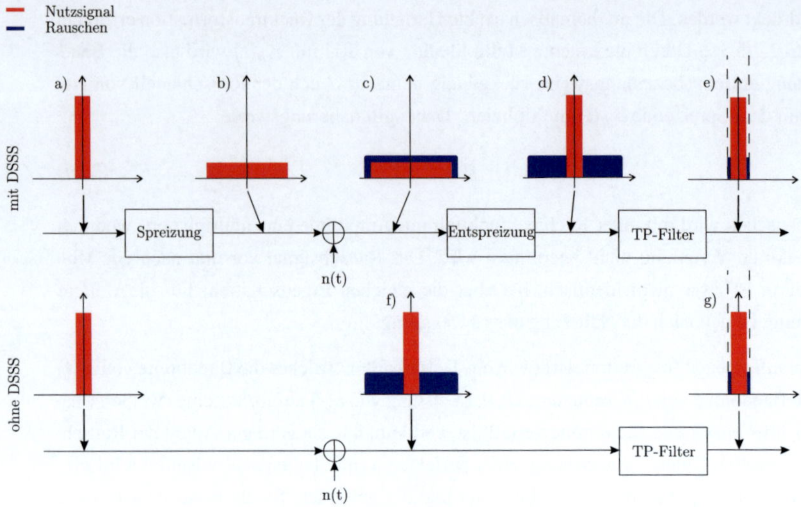

Abbildung 2.15: DSSS-Spektren mit AWGN.

$$r(t) = s(t) + j(t) \tag{2.30}$$

beschrieben werden. Hier ist $s(t)$ das Sendesignal und $j(t)$ jeweils das Störsignal. Rauschen soll aus Gründen der Übersichtlichkeit hier vernachlässigt werden. Das Empfangssignal $r'(t)$ im Bereich d) in Abbildung 2.16 entsteht durch Multiplikation mit dem Spreizcode $c_{ch}(t)$:

$$\begin{aligned} r'(t) &= r(t)c_{ch}(t) + j(t)c_{ch}(t) && (2.31)\\ &= a(t)c_{ch}(t)c_{ch}(t) + j(t)c_{ch}(t) && (2.32)\\ &= a(t) + j(t)c_{ch}(t). && (2.33) \end{aligned}$$

Daraus folgt, dass zum einen das Empfangssignal $r(t)$ entspreizt wird und zum anderen das Störsignal $j(t)$ gespreizt wird und folglich die im Störsignal enthaltene Leistung über einen weiten Bereich verteilt wird. Durch die anschließende Tiefpass-Filterung (siehe 2.16 e)) wird ein großer Teil der Störleistung entfernt und somit das SNR verbessert. Dagegen wird aus f) deutlich, dass bei der klassischen Übertragung aufgrund der fehlenden Bandspreizung keine Störleistung aus dem Band entfernt wird. Folglich findet auch keine Erhöhung des SNR im tiefpassgefilterten Signal statt.

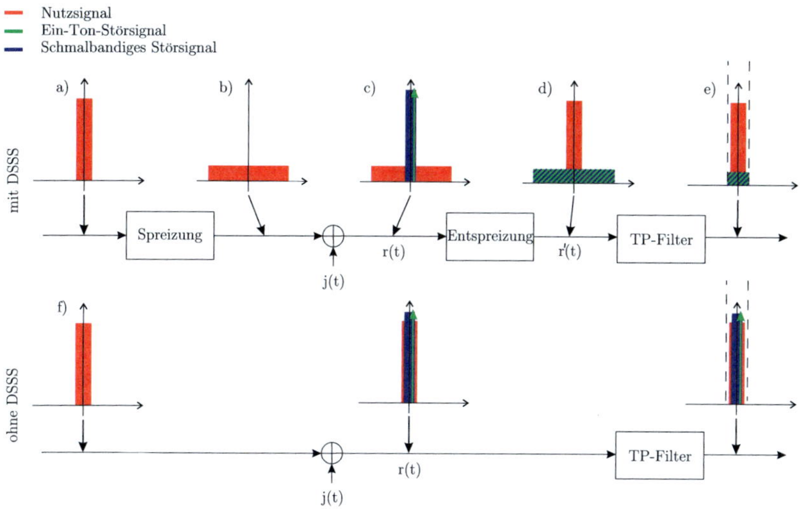

Abbildung 2.16: DSSS-Spektren mit Störsignalen.

2.2.3.3.2 Allgemeine mathematische Beschreibung Als Startpunkt für eine allgemeine Beschreibung wird das Sendesignal $s(t)$ aus (2.21) gewählt, das durch die Architektur aus Abbildung 2.11 erzeugt wurde. Weiterhin wird wieder ein AWGN-Kanal angenommen. Als Modulationsart wird QPSK festgelegt und die Impulsantwort des Sendefilters $g(t)$ soll jene des UMTS-Sendefilters aus (2.23) sein. Als Empfängerarchitektur wird ein Korrelationsempfänger, wie in Abbildung 2.17 gezeigt, gewählt.

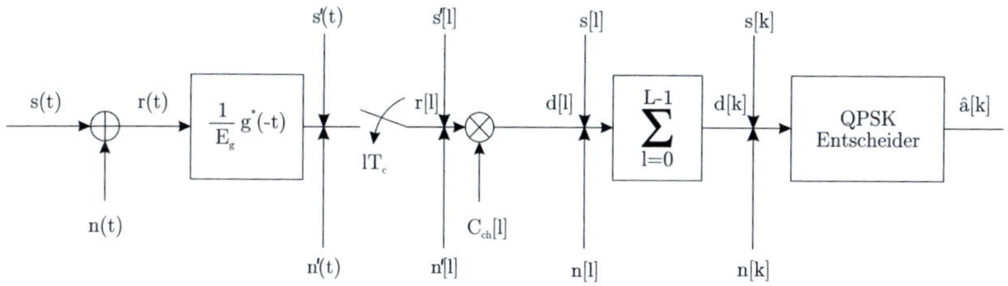

Abbildung 2.17: Prinzip eines DSSS-Empfängers.

Das Empfängereingangssignal kann folglich wieder durch

$$r(t) = s(t) + n(t) \tag{2.34}$$

beschrieben werden.

Unter der Voraussetzung idealer Chiptaktsynchronisation kann maximales SNR durch Optimalfilterung unter Verwendung von $g^*(-t)$ als Empfangsfilter erreicht werden. Die Root-Raised-Cosine-Eigenschaft des UMTS-Sendegrundimpulses erlaubt hierbei eine ISI-freie Detektion, da

$$\int_{-\infty}^{\infty} g(t+lT_c)\,g^*(t)\,\mathrm{d}t = \begin{cases} E_g & \text{für } l=0 \\ 0 & \text{für } l \in \mathbb{Z}\backslash 0 \end{cases} \tag{2.35}$$

gilt [48]. Eine Normierung auf die Übertragungsimpulsenergie E_g (also die Energie eines Chips des gespreizten Signals) führt zu einem dimensionslosen Signal $r[l]$ nach dem Abtasten mit der Chiprate R_c. Die notwendige Integration ist durch die folgende Summation über L Abtastwerte realisiert. Folglich ergibt sich für das Eingangssignal $d[k]$ des QPSK-Entscheiders:

$$d[k] = s[k] + n[k] = \sum_{l=kL}^{(kL)+L-1} s'[l]C_{ch}[l] + \sum_{l=kL}^{(kL)+L-1} n'[l]C_{ch}[l]. \tag{2.36}$$

Weiterhin können die Nutz- und Rauschsignalabtastwerte nun durch

$$s'[l] = \frac{1}{E_g}\int_{-\infty}^{\infty} s(t)\,g^*(t-lT_c)\mathrm{d}t \tag{2.37}$$

und

$$n'[l] = \frac{1}{E_g}\int_{-\infty}^{\infty} n(t)\,g^*(t-lT_c)\mathrm{d}t \tag{2.38}$$

ausgedrückt werden. Setzt man nun das Sendesignal $s(t)$ (2.21) (Die Variable l wird durch ℓ ersetzt, da sie sonst doppelt vorkommt) in (2.37) ein, ergibt sich ein kompakter Ausdruck für das Nutzsignal $s'[l]$ nach dem Abtasten:

$$\begin{aligned} s'[l] &= \frac{1}{E_g}\int_{-\infty}^{\infty} \left(\sum_{k=-\infty}^{+\infty} \sum_{\ell=0}^{L-1} a[k]\,C_{ch}[\ell]\,g(t-\ell T_c - kT_S) \right) g^*(t-lT_c)\,\mathrm{d}t \\ &= \sum_{k=-\infty}^{+\infty} \sum_{\ell=0}^{L-1} a[k]\,C_{ch}[\ell]\,\frac{1}{E_g}\int_{-\infty}^{\infty} g(t-\ell T_c - kT_S)\,g^*(t-lT_c)\,\mathrm{d}t \\ &= a[k]\,C_{ch}[\ell]\Big|_{l=\ell+kL,\,0\le\ell\le L-1,\,k\in\mathbb{N}} \end{aligned} \tag{2.39}$$

(2.39) kann nun in den Nutzsignalanteil von (2.36) eingesetzt werden:

$$\begin{aligned} s[k] &= \sum_{l=kL}^{(kL)+L-1} s'[l]C_{ch}[l] \\ &= \sum_{l=kL}^{(kL)+L-1} a[k]\,C_{ch}[\ell]\,C_{ch}[l]\Bigg|_{l=\ell+kL} \\ &= a[k]\,L. \end{aligned} \tag{2.40}$$

Aus dem Ergebnis von (2.40) wird klar ersichtlich, dass die Sendebitfolge $a[k]$ wieder rekonstruiert wird. Die Spreizcodelänge L stellt hierbei nur einen konstanten Faktor dar und ist in einem digitalen System irrelevant.

Im Gegensatz dazu ergibt das gleiche Vorgehen für $n[k]$:

$$n[k] = \sum_{l=kL}^{(kL)+L-1} n'[l]C_{ch}[l]. \tag{2.41}$$

Dazu anzumerken ist, dass $n'(t)$ aufgrund der Filterung mit $g^*(-t)$ nicht mehr weiß ist. Jedoch sind die einzelnen Abtastwerte $n'[l] = n'(lT_c)$ unkorreliert, da $g^*(-t)$ das Wurzel-Nyquist-Kriterium aus (2.35) erfüllt [49]. Daraus folgt wiederum die statistische Unabhängigkeit der Rauschabtastwerte. Deshalb ist $n'[l]$ weiterhin (zeitdiskretes) AWGN.

2.2.3.3.3 Fazit Um abschließend den Vorteil einer DSSS-Übertragung noch besser zu verdeutlichen, ist ein Vergleich des SNR des gespreizten Signals $s'[l]$ (SNR_{WB}) und des wieder entspreizten Signals $s[k]$ (SNR_{NB}) hilfreich. Das jeweilige SNR kann unter Annahme konstanter Leistungsdichtespektren durch

$$\mathrm{SNR}_{WB} = \frac{B_{WB}\,S_{s'[l]}}{B_{WB}\,S_{n'[l]}} = \frac{S_{s'[l]}}{S_{n'[l]}}, \tag{2.42}$$

beziehungsweise durch

$$\mathrm{SNR}_{NB} = \frac{B_{NB}\,S_{s[k]}}{B_{NB}\,S_{n[k]}} = \frac{S_{s[k]}}{S_{n[k]}} \tag{2.43}$$

berechnet werden. $B_{WB/NB}$ steht hier jeweils für die Bandbreite des gespreizten beziehungsweise entspreizten Signals $s'[l]$ und $s[k]$. $S_{s'[l]}$ beziehungsweise $S_{s[k]}$ sind die dazugehörigen Leistungsdichtespektren. $S_{n'[l]}$ und $S_{n[k]}$ stellen wiederum die Leistungsdichtespektren der äquivalenten Rauschsignale dar. Die Leistungsdichtespektren können durch eine DTFT[60] der korrespondierenden AKF[61] bestimmt werden.

[60] Fouriertransformation für zeitdiskrete Signale, engl.: Discrete-Time Fourier Transform

[61] Autokorrelationsfunktion

Nach [50] ist es zu empfehlen, den Spreizcode als Zufallsbitfolge zu modellieren. Eine Zufallsbitfolge besteht aus statistisch unabhängigen Symbolen, die nur die Werte $+1$ oder -1 annehmen können. Dies tun sie jeweils mit einer Wahrscheinlichkeit von 0,5. Daraus ergeben sich der Mittelwert $m_{s'[l]}$ und im Weiteren die AKF $R_{s'[l]s'[l]}[\kappa]$ des gespreizten Nutzsignals $s'[l]$ zu

$$m_{s'[l]} = 0 \tag{2.44}$$

$$\begin{aligned} R_{s'[l]s'[l]}[\kappa] &= \mathscr{E}\left\{(s'[l]-m_{s'[l]})(s'[l-\kappa]-m_{s'[l]})^*\right\} \\ &= \mathscr{E}\left\{s'[l]s'^*[l-\kappa]\right\} \\ &= \mathscr{E}\left\{|s'[l]|^2\right\}\delta[\kappa] \\ &= 1\,\delta[\kappa]. \end{aligned} \tag{2.45}$$

Als statistische Eigenschaften des entspreizten Nutzsignals $s[k]$ werden unabhängige Modulationssymbole gleicher Wahrscheinlichkeit angenommen. Daraus folgt mit (2.40) für den Mittelwert $m_{s[k]}$ und die AKF $R_{s[k]s[k]}[\kappa]$

$$m_{s[k]} = 0 \tag{2.46}$$

$$\begin{aligned} R_{s[k]s[k]}[\kappa] &= \mathscr{E}\left\{(a[k]\,L-m_{s[k]})(a[k-\kappa]\,L-m_{s[k]})^*\right\} \\ &= L^2\,\mathscr{E}\left\{a[k]a^*[k-\kappa]\right\} \\ &= L^2\,\mathscr{E}\left\{|a[k]|^2\right\}\delta[\kappa] \\ &= L^2\,\delta[\kappa]. \end{aligned} \tag{2.47}$$

Damit wurde für das Nutzsignal die Empfangskette bis zum Demodulator komplett beschrieben (vergleiche Abbildung 2.17). Im nächsten Schritt soll auch das Rauschsignal dahingehend untersucht werden.

Das Rauschsignal $n(t)$ besteht aus komplexem AWGN mit einem Leistungsdichtespektrum $\mathscr{N}_0$. Daraus folgt für seine AKF:

$$R_{n(t)n(t)}(\tau) = \mathscr{N}_0\,\delta(\tau) \tag{2.48}$$

Nun wird wieder Schritt für Schritt der Empfangskette aus Abbildung 2.17 gefolgt. Die AKF $R_{n'(t)n'(t)}$ des gefilterten Rauschsignals $n'(t)$ ergibt sich zu

$$R_{n'(t)n'(t)}(\tau) = R_{n(t)n(t)}(\tau) * \frac{1}{E_g^2}\left(g(\tau)*g^*(-\tau)\right) = \frac{1}{E_g^2}\mathscr{N}_0(g(\tau)*g^*(-\tau)), \tag{2.49}$$

welche aufgrund der Filterung mit $\frac{1}{E_g}\,g^*(-\tau)$ grundsätzlich nicht länger weiß ist. Der Argumentation aus 2.2.3.3.2 auf Seite 43 folgend ist $n'[l]$ nach der Abtastung mit l/T_c dennoch zeitdiskretes weißes Rauschen [48] mit dem Mittelwert

$$m_{n'[l]} = 0 \tag{2.50}$$

und der AKF

$$R_{n'[l]n'[l]}[\kappa] = \frac{\mathcal{N}_0}{E_g}\,\delta[\kappa] \tag{2.51}$$

Da der Mittelwert des Rauschsignals nach dem Abtasten $m_{n'[l]}$ null ist, und $n'[l]$ unkorreliert mit dem Kanalcode $C_{ch}[l]$ ist, ist der Mittelwert $m_{n[k]}$ nach dem Spreizvorgang ebenfalls null:

$$\begin{aligned} m_{n[k]} &= \mathscr{E}\{n[k]\} = \mathscr{E}\left\{\sum_{l=kL}^{(kL)+L-1} n'[l]C_{ch}[l]\right\} \\ &= \sum_{l=kL}^{(kL)+L-1} \mathscr{E}\{n'[l]C_{ch}[l]\} \\ &= \sum_{l=kL}^{(kL)+L-1} \mathscr{E}\{n'[l]\}\,\mathscr{E}\{C_{ch}[l]\} = 0. \end{aligned} \tag{2.52}$$

Zusammen mit (2.41) und (2.52) kann die AKF des Rauschsignals nach der Entspreizung wie folgt angegeben werden:

$$\begin{aligned} R_{n[k]n[k]}[\kappa] &= \mathscr{E}\left\{(n[k]-m_{n[k]})(n[k-\kappa]-m_{n[k]})^*\right\} \\ &= \mathscr{E}\{n[k]n^*[k-\kappa]\} \\ &= \mathscr{E}\left\{\sum_{l=kL}^{(kL)+L-1} n'[l]C_{ch}[l] \sum_{\ell=kL-\kappa}^{(kL-\kappa)+L-1} n'^*[\ell]C^*_{ch}[\ell]\right\} \\ &= \sum_{l=kL}^{(kL)+L-1}\sum_{\ell=kL-\kappa}^{(kL-\kappa)+L-1} \mathscr{E}\{n'[l]C_{ch}[l]n'^*[\ell]C^*_{ch}[\ell]\}. \end{aligned} \tag{2.53}$$

Die statistische Unabhängigkeit von $n'[l]$ und $C_{ch}[\ell]$ vorausgesetzt, kann $R_{n[k]n[k]}[\kappa]$ auch folgendermaßen ausgedrückt werden:

$$\begin{aligned} R_{n[k]n[k]}[\kappa] &= \sum_{l=kL}^{(kL)+L-1} \mathscr{E}\{n'[l]C_{ch}[l]n'^*[l]C_{ch}[l]\}\,\delta[\kappa] = \sum_{l=kL}^{(kL)+L-1} \underbrace{\mathscr{E}\{n'[l]n'^*[l]\}}_{R_{n'[l]n'[l]}[0]=\sigma^2_{n'[l]}}\delta[\kappa] \\ &= L R_{n'[l]n'[l]}[\kappa] = L\frac{\mathcal{N}_0}{E_g}\,\delta[\kappa] \end{aligned} \tag{2.54}$$

Wie zu Beginn von Kapitel 2.2.3.3.3 bereits angekündigt liefert eine DTFT von (2.45) beziehungsweise von (2.51), also der AKFs, die Leistungsdichtespektren des Nutzsignals $S_{s'[l]}(f)$ und des Rauschsignals $S_{n'[l]}(f)$ vor der Entspreizung. Da beide AKFs weiße Prozesse beschreiben, haben sie nur Einträge an der Stelle $\kappa = 0$ und die korrespondierenden Leistungsdichtespektren sind konstant:

$$S_{s'[l]}(f) = 1 \tag{2.55}$$

$$S_{n'[l]}(f) = \frac{\mathcal{N}_0}{E_g}, \tag{2.56}$$

Für die entspreizten Folgen $s[k]$ und $n[k]$ ergibt sich nach der DTFT von (2.47) beziehungsweise (2.54) für die dazugehörigen Leistungsdichtespektren hingegen

$$S_{s[k]}(f) = L^2 \tag{2.57}$$

$$S_{n[k]}(f) = L\frac{\mathcal{N}_0}{E_g}. \tag{2.58}$$

Werden (2.55) - (2.58) in (2.42) und (2.43) eingesetzt, kann letztendlich das jeweilige SNR vor beziehungsweise nach der Entspreizung berechnet werden:

$$\mathrm{SNR}_{WB} = \frac{S_{s'[l]}}{S_{n'[l]}} = \frac{E_g}{\mathcal{N}_0} \tag{2.59}$$

$$\mathrm{SNR}_{NB} = \frac{S_{s[k]}}{S_{n[k]}} = L\frac{E_g}{\mathcal{N}_0} = L\,\mathrm{SNR}_{WB}. \tag{2.60}$$

In (2.60) zeigt sich klar der Vorteil des DSSS-Prinzips. Nach der Entspreizung verbessert sich das SNR um den Faktor L.

Nun kann das minimal benötigte SNR innerhalb einer UMTS-Zelle für eine gewünschte BER errechnet werden. Ein Standardszenario geht von einer BER von 0,1% und einem minimal benötigten $E_b/\mathcal{N}_0$ von

$$\left.\frac{E_b}{\mathcal{N}_0}\right|_{\min} = 7\,\mathrm{dB} \tag{2.61}$$

aus [54]. Jedes QPSK-Symbol trägt zwei Bits:

$$E_b \overset{\mathrm{QPSK}}{=} \frac{1}{2}E_s = \frac{1}{2}LE_g \tag{2.62}$$

und damit gilt

$$\frac{E_s}{\mathcal{N}_0} = \mathrm{SNR}_{NB} = 2\frac{E_b}{\mathcal{N}_0}. \tag{2.63}$$

Aus (2.63) folgt, dass für ein $E_b/\mathcal{N}_0$ von 7 dB ein SNR am Eingang des QPSK-Entscheiders (vergleiche Abbildung 2.17) von $7\,\mathrm{dB} + 3\,\mathrm{dB} = 10\,\mathrm{dB}$ benötigt wird. Wird ein üblicher Spreizfaktor von $SF = L = 256$ angenommen, kann das benötigte SNR berechnet werden:

$$10\,\log_{10}(\mathrm{SNR}_{WB}) = 10\,\log_{10}(\mathrm{SNR}_{NB}) - 10\,\log_{10}(SF) = 10\,\mathrm{dB} - 24\,\mathrm{dB} = -14\,\mathrm{dB}. \tag{2.64}$$

Es wird also deutlich, dass eine erfolgreiche Übertragung auch statt finden kann, wenn die Rauschleistung in einem Kanal die Leistung des Nutzsignals übersteigt. Das Nutzsignal kann im Rauschen verborgen sein.

2.2.3.3.4 Übertragung in ein reales UMTS-System In der vorangegangenen allgemeinen Beschreibung des DSSS-Empfangs wurde für eine anschauliche Rechnung der Spreizcode C_{ch} als Zufallszahlenfolge modelliert. Dieser wird das Sendesignal immer auf die geforderten 5 MHz spreizen. In der Realität überträgt natürlich jede Zelle mehrere Kanäle mit unterschiedlichen Spreizcodes. Diese müssen die Bedingung der Orthogonalität zueinander erfüllen, denn auf diese Weise löschen sich bei der erneuten Multiplikation mit einem bestimmten C_{ch} alle anderen Kanäle ideal aus (perfekte Synchronisation von Sender und Empfänger vorausgesetzt). Dadurch wird die Eigeninterferenz einer Zelle minimiert.

Des Weiteren sind die Anzahl orthogonaler Spreizcodes und das Frequenzband an sich begrenzt. Es müssen aber zusätzlich auch die Nachbarzellen in Reichweite von der eigenen Zelle unterscheidbar sein. Aus diesem Grund wurde eine weitere Stufe im Sende-und Empfangszweig hinzugefügt. Das gespreizte Signal wird zusätzlich mit einem zweiten Node B-spezifischen Code multipliziert. Man spricht vom sogenannten Scrambling. Dabei wird zum einen das Signal auf die gewünschte 5 MHz-Bandbreite aufgeweitet. Zum anderen wirken fremde Node B damit für die eigene Zelle immer wie Rauschen, in dieser Arbeit Nachbarzelleninterferenz genannt. Scrambling-Codes sind sogenannte Gold-Codes und werden aus einer XOR-Verknüpfung von zwei m-Sequenzen generiert [42]. Mit der in UMTS verwendeten Konfiguration können 8192 verschiedene Scrambling-Codes C_{scr} erzeugt werden [52].

Für diese Arbeit macht es keinen Unterschied, ob im Sender ein- oder zweistufig auf eine Bandbreite von 5 MHz gespreizt und im Empfänger wieder entspreizt wird. Die Überlegungen auf den Seiten 40 ff. bleiben gültig.

2.3 Bestehende Möglichkeiten der Lokalisierung (Stand der Technik)

Um immer neue Kunden-Klientel erreichen zu können, wird die Quality of Service[62] immer weiter erhöht. Zum Anbieten standortbezogener Dienste[63], zum Beispiel Hinweise auf Sehenswürdigkeiten oder Restauranttipps, ist es nötig, den derzeitigen Aufenthaltsort des Mobiltelefons zu kennen. Im Folgenden sollen die bisher eingesetzten Möglichkeiten zur Ortung einer MS erläutert werden [55]. GPS-basierte Ortung soll hier allerdings außen vor gelassen werden. Für GPS-basierte Ortung ist eine Sichtverbindung zu mindestens vier GPS-Satelliten notwendig, welche aber bei dem in dieser Arbeit adressierten Szenario unter Trümmern kaum bestehen kann. Zusätzlich wird kurz auf Projekte eingegangen, die im Laufe der hier beschriebenen Arbeiten bekannt wurden und einen ähnlichen Schwerpunkt haben.

2.3.1 Zellenbasierte Lokalisierung

Ein Teilnehmer ist immer in seiner Funkzelle im VLR[64] registriert. Diese Information (Cell-ID) wird auch an das HLR weitergegeben. Da sowohl die Position eines jeden Funkmastes als auch die räumliche Ausdehnung der dazugehörigen Zelle bekannt ist, kann auf diese Weise der Standort eines Teilnehmers auf die Größe einer Zelle genau bestimmt werden. Am Ende von Kapitel 2.1.2 wurde der maximale Zellenradius bereits zu circa 35 km bestimmt (Abbildung 2.18(a)). Die Cell-ID kann nun mit anderen Informationen aus dieser Zelle kombiniert werden.

Da die BTS die Sendeleistung der MS regelt, um die Akkulaufzeit zu erhöhen, wird die Empfangsleistung kontinuierlich gemessen. Allerdings ist der Kanal nicht bekannt. Daher kann aufgrund unterschiedlicher Abschattung durch diese Messung die Ortungspräzision nur in geringem Maße verbessert werden. Hier können bei ausreichender Netzabdeckung auch Werte verschiedener BTS in Reichweite überlagert werden. Nach [56] ergibt sich eine Genauigkeit von 150 m (Abbildung 2.18(b)).

Die Auswertung des TA-Wertes (Kapitel 2.1.2) bildet eine einfache RTOF[65]-Laufzeitmessung. Da nur 64 verschiedene Stufen angegeben werden können, ergibt sich auch hier ein

[62] dt.: Dienstgüte

[63] engl.: Location Based Services

[64] Besucherortsregister, engl.: Visitor Location Register

[65] Messung der Laufzeit eines Signals vom Sender zum Empfänger und wieder zurück, engl.: Roundtrip Time-Of-Flight

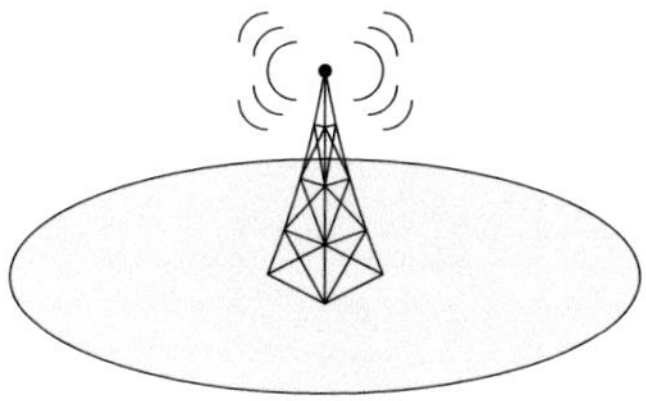

(a) Cell-ID

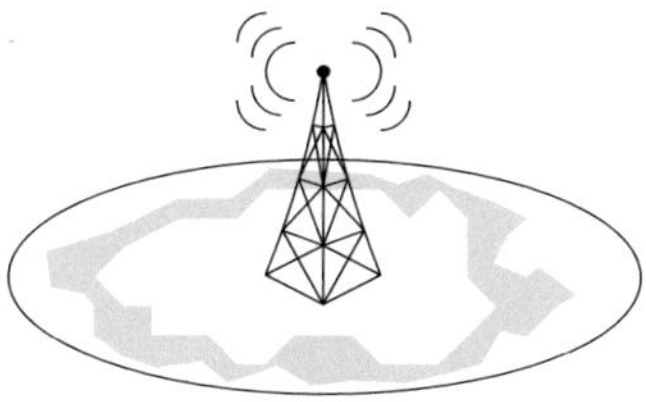

(b) Empfangsstärke

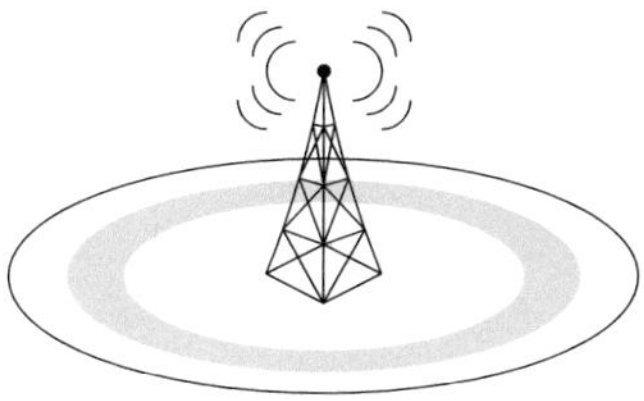

(c) TA-Wert

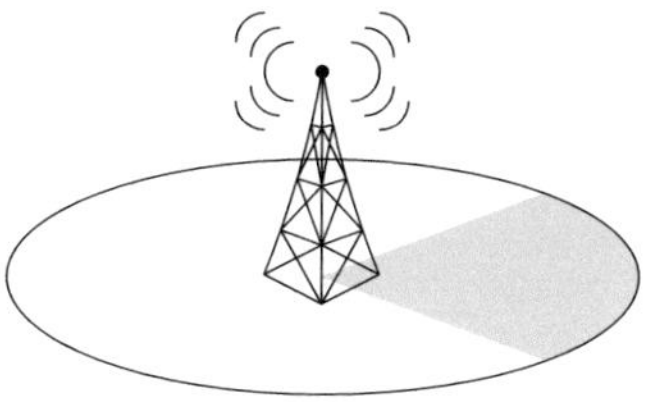

(d) Sektorantenne

Abbildung 2.18: Zellbasierte Ortungsverfahren I.

recht breiter Korridor (Abbildung 2.18(c)). Moderne BTS verwenden keine kugelförmigen Strahler als Antennen, sondern teilen ihre Zelle mithilfe von Sektorantennen in mehrere Sektoren ein. Dadurch kann die Sendeleistung besser an die reale Zellenform angepasst und Ressourcen besser verteilt werden. Ein Teilnehmer ist hier nur in einem der Sektoren eingebucht. Bewegt er sich in einen anderen Sektor wird ein Handover innerhalb der Zelle ausgelöst. Somit ist die Richtung, aus der ein Signal bei der BTS eintrifft, bekannt. Dies entspricht einer einfachen AOA[66]-Messung (Abbildung 2.18(d)). Die bisher vorgestellten Verfahren können zudem noch untereinander kombiniert werden. Abbildung 2.19(a) zeigt eine Kombination von TA-Wert und Sektorantenne, Abbildung 2.19(b) eine Kombination von Empfangsstärkemessung und TA-Wert. Eine weitere, aber aufwendige Möglichkeit besteht darin, eine Zelle in einem Koordinatensystem in möglichst kleine Einzelgebiete aufzuteilen. Zu jedem dieser Einzelgebiete wird ein Satz Messdaten (zum Beispiel Cell-ID, Empfangsstärke, Einfallswinkel und TA-Wert) im Speicher abgelegt. Anhand dieser Tabelle kann dann der Aufenthaltsort eines Teilnehmers bestimmt werden. Jedoch kann das Koordinatensystem nicht sehr fein angelegt werden und zusätzlich unterliegen die Messwerte gewissen Schwankungen, da sich der Kanal ständig verändert (Abbildung 2.19(c)).

[66]Messung des Einfallswinkels, engl.: Angle Of Arrival

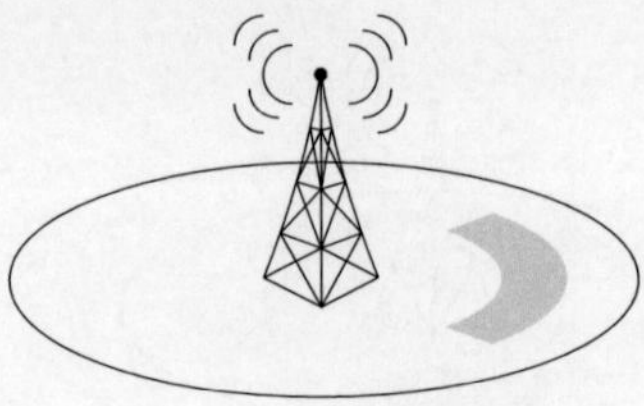

(a) TA-Wert und Sektorantenne

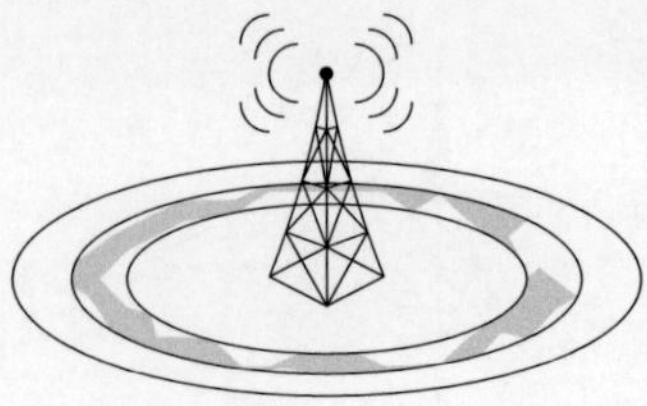

(b) Empfangsstärke und TA-Wert

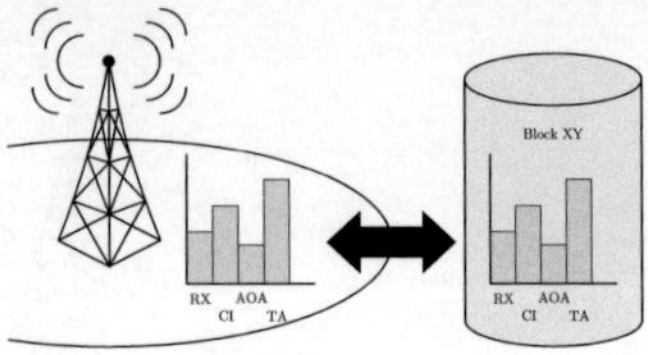

(c) Vergleich von Messdaten

Abbildung 2.19: Zellbasierte Ortungsverfahren II.

2.3.2 Laufzeitbasierte Lokalisierung

Neben den zellenbasierten Ortungsverfahren können durch Auslesen mehrerer BTS auch laufzeitbasierte Verfahren umgesetzt werden. Als Beispiel für die netzbasierten Laufzeitortungsverfahren soll hier U-TDOA[67] vorgestellt werden. Netzbasiert bedeutet in diesem Fall, dass die Ortsbestimmung im Netz und nicht in der MS durchgeführt wird. Dabei muss das Netz um ein SMLC[68] erweitert werden und zusätzlich jede BTS mit einer LMU[69] ausgestattet sein (vergleiche Abbildung 2.20). Das SMLC startet die Überwachung einer MS durch die LMU aller sich in der Nähe befindlichen BTS. Diese senden ein Signal an die MS und zeitstempeln die erhaltene Antwort. Daraus wird in den LMU über die Zeitdifferenz die Laufzeit der Signale berechnet. Diese Laufzeiten werden an das SMLC gemeldet, wo nun die Positionsbestimmung durchgeführt wird. Dieses Verfahren kann laut [57] eine Genauigkeit von 50 m - 150 m erreichen. Nachteil der netzbasierten Methoden (auch TOA[70], AOA oder RTOF sind möglich) ist die kostspielige Nachrüstung der Netzinfrastruktur mit SMLC und LMU. Es ist fraglich, ob ein solches System jemals Flächendeckend zur Verfügung stehen wird.

[67] engl.: Uplink Time Difference of Arrival

[68] Einheit zur Berechnung der Position einer MS aus TDOA-Daten, engl.: Serving Mobile Location Center

[69] Einheit zur Messung von TDOA-Signalen, engl.: Local Measurement Unit

[70] Messung der Laufzeit eines Signals vom Sender zum Empfänger, engl.: Time Of Arrival

Im Gegensatz zu den netzbasierten Ansätzen ist es auch möglich die Laufzeit in der MS zu berechnen. Diese Verfahren werden handgerät-assistiert genannt. Dadurch müssen keine LMU angeschafft werden. Ansonsten ist die Vorgehensweise analog zu den netzbasierten Methoden. Bei der E-OTD-Methode[71] können Synchronisationsdifferenzen in der Luftschnittstelle zusätzlich mit eventuell vorhandenen LMU korrigiert werden (Abbildung 2.20). Allerdings sind bei Weitem noch nicht alle MS in der Lage, eine solche Berechnung durchzuführen. Es bleibt also ebenfalls abzuwarten, ob sich diese Methode durchsetzt.

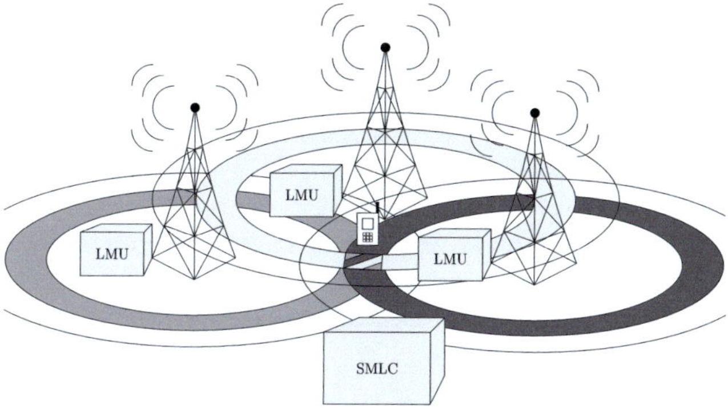

Abbildung 2.20: Laufzeitbasierte Ortungsverfahren.

2.3.3 Neue Ansätze

Während der Projektlaufzeit des Projektes I-LOV[72] wurden zwei andere Ansätze auf dem Gebiet der Mobilfunkortung für Rettungseinsätze bekannt. Zum einen ist das EU-Projekt STARRS[73] zu nennen. Hier wird versucht, ebenfalls mit einer eigenen BTS und einem Störsender, mithilfe von großen Antennenarrays, Beamforming und dem MUSIC[74]-Algorithmus die Position von MS in Katastrophenszenarien zu orten. Dabei wird AOA angewendet. Es wird zwar auch ein tragbares System in einem Rucksack untersucht, der Fokus liegt jedoch auf großen Arrays, befestigt an Hubschraubern. Hubschrauber sind für die in I-LOV vorgegebenen Szenarien allerdings nicht zu gebrauchen. Die Ortungsgenauigkeit wird mit circa $1\,m^2$ angegeben [58].

[71] engl.: Enhanced Observed Time Difference

[72] Intelligentes sicherndes Lokalisierungssystem für die Rettung und Bergung von Verschütteten

[73] Sensors for Terrestrial and Airborne Radio transmitter Rescue Search

[74] engl.: Multiple Signal Classification

Die Firma ResQU AB aus Schweden ist mit ihrem Hepkie-System noch näher am in dieser Arbeit vorgestellten Konzept. Hier werden ebenfalls ein Störsender, eine Art BTS und ein Handgerät als Sensor verwendet. Als Ortungsgenauigkeit werden 30 cm angegeben [59]. Dies wird jedoch mit dem in dieser Arbeit entwickelten Verfahren deutlich übertroffen.

2.3.4 Zusammenfassung

Werden die bestehenden Möglichkeiten der Lokalisierung betrachtet, können folgende Schlüsse gezogen werden: Es gibt bereits einige Möglichkeiten Teilnehmer anhand ihrer MS zu lokalisieren. Teilweise ist eine einfache oder schnelle oder genaue Ortung möglich. Jedoch vereint keiner der Ansätze alle drei Voraussetzungen. Zudem ist eine Ortungsgenauigkeit von (im besten Fall) 50 m um zwei Größenordnungen zu ungenau, um in einem Katastrophenszenario Opfer unter Trümmern lokalisieren zu können. Daraus leitet sich unmittelbar die Notwendigkeit eines neuen Verfahrens ab. Die Lücke soll der im Weiteren beschriebene Systemansatz schließen. Dabei sollen die Voraussetzungen Einfachheit (möglichst einfache Handhabung), Schnelligkeit (möglichst schneller Ortungserfolg) und Genauigkeit (besser 50 cm) erfüllt werden.

Die im Laufe dieses Projektes aufgetauchten ähnlichen Ansätze zeigen klar die Stärke des in dieser Arbeit verfolgten Ansatzes. In den folgenden Kapiteln wird dargelegt werden, dass die gesetzte Aufgabe im Projekt I-LOV am besten gelöst wurde. Sowohl Ortungsgenauigkeit als auch Funktionalität im Sinne der Wahrscheinlichkeit eines Ortungserfolges sind den anderen Ansätzen klar überlegen.

3 I-LOV-System

3.1 Systemansatz

GSM[1] wurde 1982 entwickelt und zu einem weltweiten Standard für mobile Kommunikation. Auch wenn es mittlerweile neuere Standards wie UMTS[2] oder LTE[3] gibt, ist GSM noch immer mit Abstand am verbreitetsten (vergleiche Abbildung 2.1). Zudem hat GSM einen weiteren Vorteil gegenüber anderen Mobilfunkstandards. Es bietet ein Uplink-Band von 880 MHz bis 915 MHz, das große Vorteile bei der Durchdringung von Trümmerstrukturen gegenüber neueren Standards höherer Frequenz bietet. Die Dämpfung von zertrümmerten Wänden oder Beton ist proportional zur Frequenz des Signals, welches sie durchdringt [60].

Um eine MS[4] anhand ihrer abgestrahlten Feldstärke orten zu können, muss sie gezwungen werden, ein Signal zu senden. Dieses Signal muss so oft wiederholbar sein, wie es zu einem Ortungserfolg benötigt wird. Das GSM-Protokoll wurde auch unter dem Gesichtspunkt entworfen, nicht einfach ortbar zu sein. Dies stellt eines der Hauptprobleme für ein Ortungssystem dar und wird im Folgenden untersucht.

Abbildung 3.1 zeigt ein Ebenenmodell des System-Ansatzes. Dieser soll im Anschluss genauer erläutert werden. In vier Schritten wird das Ortungsverfahren erklärt.

3.1.1 Schritt 1: Stören aller vorhandener Mobilfunkzellen

Da das GSM-Protokoll sehr strikt ist und kaum Ausnahmen und Tricks zulässt, ist die volle Kontrolle über die MS nötig, um sie zum Senden zwingen zu können. Um dies zu erreichen

[1] Globales System für Mobilkommunikation, engl.: Global System for Mobile Communication
[2] Mobilfunkstandard der dritten Generation, engl.: Universal Mobile Telecommunications System
[3] Kommunikationsstandard der vierten Generation, engl.: Long Term Evolution
[4] Mobilstation GSM, umgangssprachlich: Handy, engl.: Mobile Station

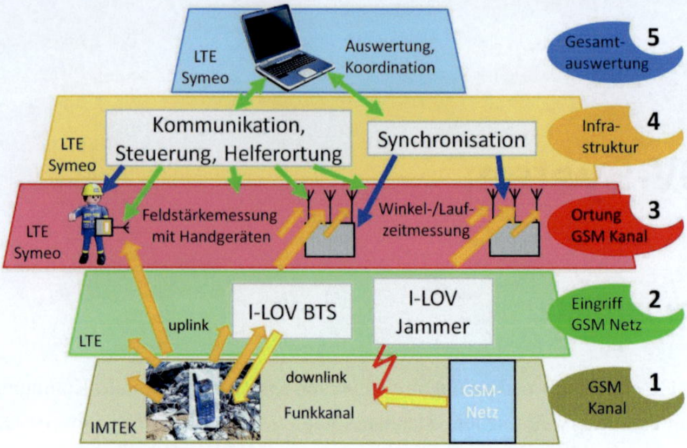

Abbildung 3.1: Ebenenmodell des Systemansatzes.

muss eine eigene GSM-BTS[5] aufgesetzt werden, in welche sich die MS korrekt einbuchen können. Allerdings buchen sich MS vorrangig in die Netze des eigenen Netzbetreibers ein, also in ein Netz, das den gleichen NCC[6] überträgt, der auch auf der SIM-Karte[7] in jeder MS gespeichert ist. Nur falls kein eigenes Netz zur Verfügung steht, bucht sich eine MS in ein fremdes Netz ein, um dem „Nur Notrufe"-Protokoll Rechnung zu tragen. Dies stellt sicher, dass im Notfall auch über einen anderen Netzbetreiber ein Notruf abgesetzt werden kann. Zu diesem Zweck kann sich jede MS mit einer beliebigen SIM-Karte bei jedem Netzbetreiber einbuchen [61].

Um der MS also den Eindruck zu vermitteln es wäre kein anderes Netz, außer des I-LOV[8]-Ortungsnetzes verfügbar, werden alle anderen Netze durch passende Störsender (Jammer) gestört. Diese Netze werden im Falle von GSM für alle MS unsichtbar, wenn der von jeder BTS ausgesendete BCCH[9] mit ausreichender Rauschleistung überdeckt wird. Im BCCH ist unter anderem die Information enthalten, um welchen Netzbetreiber es sich handelt und wie sich die MS auf die BTS aufsynchronisieren kann. Fehlt diese Information, ist die Zelle für eine MS nicht vorhanden. Die detaillierte Beschreibung der Störsender sowohl für GSM als auch für UMTS erfolgt in den Kapiteln 4.1 beziehungsweise 4.2.

[5]GSM-Mobilfunk-Basisstation, engl.: Base Transceiver Station

[6]Provideridentifikationscode, engl.: Network Color Code

[7]Einschubkarte in ein Mobiltelefon, die den Benutzer bei seinem Netzbetreiber identifiziert, engl.: Subscriber Identity Module

[8]Intelligentes sicherndes Lokalisierungssystem für die Rettung und Bergung von Verschütteten

[9]Downlink-GSM-Kanal, der dem Endgerät Informationen über die aussendende Zelle liefert, engl.: Broadcast Control Channel

3.1.2 Schritt 2: Anmeldung der MS an der I-LOV-Basisstation

Nachdem alle sonstigen vorhandenen BTS gestört wurden, können sich die MS nur noch bei der I-LOV-BTS einbuchen. Die MS verbinden sich nacheinander mit der I-LOV-BTS, wo sie gelistet werden und ihnen ihre IMSI[10] als Telefonnummer zugewiesen wird. Jede eingebuchte MS empfängt dann automatisch eine SMS mit dem Hinweis, dass sie sich in das Rettungsnetz eingebucht hat und Hilfe unterwegs ist. Den Kern der I-LOV-BTS bildet eine SDR[11]-Plattform. Diese Plattform besteht aus einem FPGA[12], auf dem Pufferung, Interpolation und Dezimierung realisiert sind. Weiterhin sind zwei Analog/Digital-Front--End-Module verbaut, um das ZF[13]-Signal zu generieren beziehungsweise zu verarbeiten. Zusätzlich sind jeweils ein Sende- und Empfangs-Front-End enthalten, das den Mischprozess von oder in die HF[14]-Lage übernimmt. Als Verbindung zum Leitrechner dient eine USB-2.0 - Schnittstelle (siehe auch Abbildung 3.2). Der verwendete GSM-Software-Stack kann alle wichtigen Schritte zur Erzeugung und Prozessierung von GSM-Signalen durchführen [20]. Diese sind:

- Konvertierung von Signalisierungs- und Sprachdaten zu GSM-Protokoll-konformen Bursts[15]
- Modulation und Demodulation dieser Bursts
- Synchronisierung mit der TDMA[16]-Rahmenstruktur

3.1.3 Schritt 3: Identifikation nicht von Opfern stammender MS

Rettungseinheiten verwenden nicht nur ihren analogen und/oder digitalen Funk, wie zum Beispiel Tetra, zur Kommunikation. Oft kommt es vor, dass Verbindungen abbrechen oder durch äußere Einflüsse wie zum Beispiel Abschattung gar nicht erst zu Stande kommen. In

[10] Eindeutige Teilnehmerkennung. Sie besteht aus dem Mobile Country Code (MCC, 3 Ziffern), dem Mobile Network Code (MNC, 2 oder 3 Ziffern) und der Mobile Subscriber Identification Number (MSIN, 1-10 Ziffern), engl.: International Mobile Subscriber Identity

[11] Per Software konfigurierbare Sende- und Empfangsschaltung, engl.: Software Defined Radio

[12] Integrierter Schaltkreis der Digitaltechnik, in den eine logische Schaltung programmiert werden kann, engl.: Field Programmable Gate Array

[13] Zwischenfrequenz

[14] Hochfrequenz

[15] Eine begrenzte Anzahl von Schwingungen mit konstanter Dauer

[16] Zeitmultiplexverfahren, engl.: Time Division Multiple Access

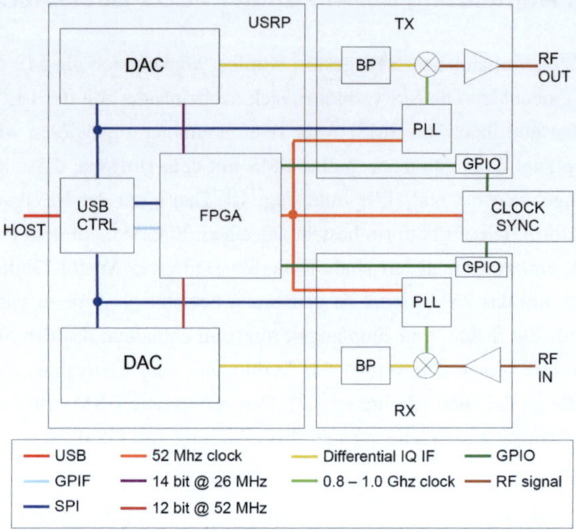

Abbildung 3.2: Aufbau der SDR-GSM-Basisstation [22].

solchen Fällen wird dann häufig der private Mobilfunk genutzt. Zudem sind oft die Presse und Schaulustige vor Ort. Die MS dieser Personen müssen von denen potentieller Opfer unterschieden werden:

- Zuerst sollten alle Personen, die nicht zwingend an der Einsatzstelle benötigt werden, diese verlassen. Auch Schaulustige und die Presse sollten einen Mindestabstand von circa 250 m einhalten. Diese Information kann wiederum über eine SMS an alle eingebuchten MS gesendet werden.
- Es ist weiterhin möglich, im Vorfeld viele IMSI der Mobiltelefone von Beteiligten der Rettungsorganisationen zu sammeln. Über diese Nummern können MS exakt identifiziert werden und von der Suche bereits zu Beginn ausgeschlossen werden.
- Die dritte und mächtigste Option stellt der Einsatz eines TDOA[17]-Ansatzes dar. Dieser wird parallel im Projekt I-LOV entwickelt. Hier kann eine Grobortung sehr schnell stattfinden, mit deren Hilfe sich bewegende Ziele identifiziert und damit ausgeschlossen werden können [7].

[17]Laufzeitdifferenz, engl.: Time Difference of Arrival

3.1.4 Schritt 4: Lokalisierung der Opfer

Nachdem sich alle erreichbaren MS in die I-LOV-BTS eingebucht haben, können diese nacheinander gezwungen werden, ortbare Signale zu senden. Die Möglichkeiten dazu werden nachfolgend beschrieben.

Eine mögliche Option wäre es, einen klassischen Anruf aufzubauen. Solche Verbindungen werden MTC[18] genannt. Hierbei wird ein PCH[19] geöffnet und eine messbare Kommunikation zwischen BTS und MS startet. Die MS zeigt den Verbindungsaufbau durch das Klingelzeichen, Vibration und/oder Leuchteffekte an. Falls der Anruf nicht angenommen wird, wird die Verbindung allerdings nach wenigen Klingelzeichen automatisch getrennt. Der Fall der automatischen Trennung ist am wahrscheinlichsten, da sich Opfer von Hauseinstürzen größtenteils kaum bewegen können oder bewusstlos sind. Die obligatorische Rufannahme würde eine erfolgreiche Rettung stark erschweren.

3.1.4.1 Modifizierter MTC (MMTC)

Hier wurde die Handhabung eines MTC geändert. Das Paging resultiert nun nicht länger in einem Klingeln der MS, sondern es wird ein stabiler Kanal zwischen BTS und MS aufgebaut. Der Anruf muss nicht entgegengenommen werden, was eine Ortung von in ihrer Bewegungsfreiheit eingeschränkten oder bewusstlosen Verschütteten ermöglicht. Zudem wird die automatische Sendeleistungsregelung der MS außer Kraft gesetzt. Dies erlaubt es, die MS zu zwingen immer mit maximaler Sendeleistung zu senden. Im GSM-Standard beträgt die maximale Sendeleistung 2 W [22].

Mithilfe des MMTC[20] kann also unabhängig vom Zustand eines Verschütteten ein dauerhaftes Senden der MS erreicht werden. Dieses Signal kann mit dem in Kapitel 5.3 gezeigten Sensor bis zu seinem Ursprung zurück verfolgt werden.

3.2 I-LOV-BTS

Die I-LOV-BTS besteht im Wesentlichen aus den in Abbildung 3.3 gezeigten Komponenten. Die SDR basierte GSM-Basisstation wurde bereits in Kapitel 3.1.2 näher erläutert. Weite-

[18] Klassischer Verbindungsaufbau von BTS zu MS, engl.: Mobile Terminated Call

[19] Kanal zur Übermittlung eines Verbindungswunsches, engl.: Paging Channel

[20] Stiller Verbindungsaufbau zwischen BTS und MS mit maximaler Sendeleistung, engl.: Modified Mobile Terminated Call

re wichtige Bestandteile sind die beiden Störsender für E-GSM 900 und DCS 1800 (2G) einerseits und anderseits für UMTS (3G). Die beiden Module benötigen wiederum jeweils einen Frequenzband-Scanner, der ihnen eine Liste mit vorhandenen Fremdbasisstationen übermittelt. Aufbau und Funktionsweise der Störsender wird in den Kapiteln 4.1 und 4.2 genauer erläutert. Zur Steuerung der einzelnen Komponenten und für die Kommunikation untereinander wird ein handelsüblicher PC verwendet. Hier läuft auch die Software, die den BSC[21] bildet. Zum Betrieb der beiden Leistungsverstärker und allen anderen Einzelmodulen ist zudem eine ausgeklügelte Spannungsversorgung notwendig. Für die Störsender steht ein 20 W-Leistungsverstärker beziehungsweise für die BTS ein 60 W-Leistungsverstärker zur Verfügung.

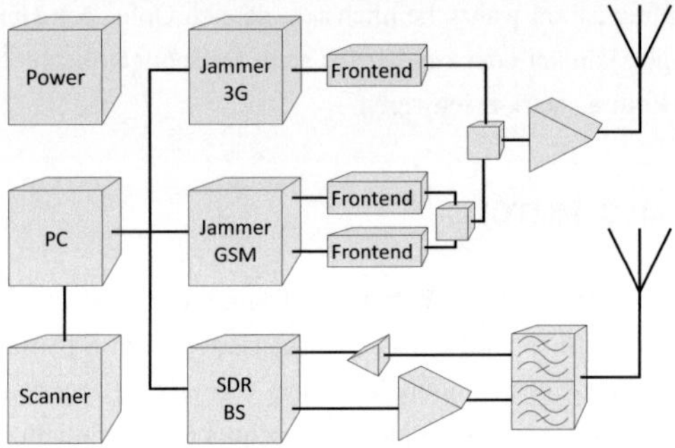

Abbildung 3.3: Die I-LOV BTS.

Die SDR-BTS stellt einen einzelnen physikalischen GSM-Kanal bereit. Damit sind lediglich drei Telefonate gleichzeitig möglich, da nur acht Zeitschlitze zur Verfügung stehen. Der erste Zeitschlitz ist immer mit dem BCCH belegt und für jedes Gespräch wird ein Slot für den DL[22] und ein weiterer für den UL[23] benötigt. Frequency-Hopping ist mit einem Kanal nur mit Eingriffen in das Protokoll möglich. Dabei kann der MS ein sogenanntes Hopping-Schema übermittelt werden. Die MS folgt diesem Schema bis zu einem Time-Out. Dies wurde für das TDOA-Verfahren [7] implementiert und kann in [22] eingesehen werden.

[21] Kontrolleinheit für eine oder mehrere BTS, engl.: Base Station Controller

[22] Datenübertragung von der Netzseite zum Endgerät, engl.: Downlink

[23] Datenübertragung vom Endgerät zum Kommunikationsnetz, engl.: Uplink

3.3 Szenarien der verschiedenen Einsätze

Beim Eintreffen am Unglücksort kann das Technische Hilfswerk mit vielen verschiedenen örtlichen Gegebenheiten konfrontiert werden. Dabei sind für das I-LOV-System die drei folgenden Szenarien untersucht worden. Es wird von einer Schadenslage der Größe 100 m × 100 m ausgegangen, wie sie in Abbildung 3.4 dargestellt ist.

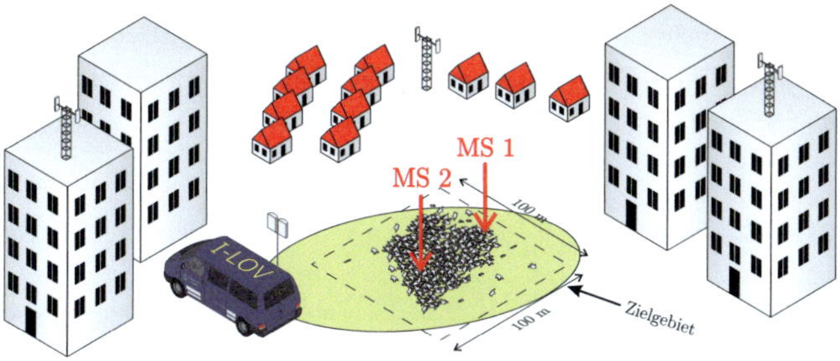

Abbildung 3.4: Schematische Darstellung einer Schadenslage im Projekt I-LOV.

3.3.1 Szenario 1

Das erste Szenario ist das seltenste. Hier ist nach dem Schadensfall die komplette Infrastruktur der Mobilfunkbetreiber intakt. Das bedeutet alle BTS sind sendebereit und die verschütteten MS sind bei ihren jeweiligen Netzbetreibern eingebucht. Ein oder mehrere Verschüttete rufen von sich aus die Notrufnummer und bitten um Hilfe. Dieser Fall mag selten sein, jedoch gibt es belegte Berichte über solche Meldungen von Opfern. Deshalb muss dieses Szenario selbstverständlich mit berücksichtigt werden. Da die MS in diesem speziellen Fall bereits senden, könnte man davon ausgehen, dass schnell eine Ortung möglich ist. Jedoch ist der Kanal auf dem die MS sendet nicht bekannt und in den meisten Fällen wird von den Netzbetreibern ein Frequenzsprungverfahren verwendet, dessen Hopping-Schema ebenfalls unbekannt ist. Da eine automatische Hopping-Schema-Erkennung nicht implementiert ist, kann eine sendende MS nicht per Feldstärkemessung oder dem TDOA-Verfahren geortet werden. In [62] wird ein solches Verfahren zwar untersucht, der Autor kommt aber zu dem Ergebnis, dass eine Rückgewinnung des Hopping-Schemas ohne ausreichende Informationen zwar nicht unmöglich ist, aber sehr lange dauern kann. Es muss also folgendermaßen vorgegangen werden:

- Die Verbindung der MS mit der BTS wird (eventuell nach Absetzen eines Notrufes) mithilfe der Störsender unterbrochen. Falls die verschüttete Person im Vorfeld Hinweise auf ihren Aufenthaltsort geben konnte, können diese für eine grobe Vorortung verwendet werden.
- Anschließend wird die I-LOV-BTS gestartet. Die MS bucht sich ein.
- Nun kann der MMTC (siehe Kapitel 3.1.4.1) ausgelöst und die MS geortet werden.
- Falls ein Opfer versucht einen Notruf abzusetzen, während seine MS in der I-LOV-BTS eingebucht ist, kann der Anruf an eine andere eingebuchte MS weiter geleitet werden; zum Beispiel an einen Vertreter der Rettungskräfte.

3.3.2 Szenario 2

Szenario 2 wird am häufigsten vorkommen. Hier ist die Mobilfunk-Infrastruktur ganz oder teilweise intakt und es werden keine Notrufe von Verschütteten abgesetzt. Die MS der Opfer sind entweder bei ihren eigenen Netzbetreibern eingebucht oder über das Notrufe-Protokoll bei anderen oder aber bei keiner BTS registriert. Dies stellt den Standardfall dar.

- Die noch vorhandenen Verbindungen der MS mit den intakten BTS werden mithilfe des Störsenders unterbrochen.
- Anschließend wird die I-LOV-BTS gestartet. Die MS buchen sich nacheinander ein.
- Nun kann der MMTC (siehe Kapitel 3.1.4.1) ausgelöst und die MS geortet werden.

3.3.3 Szenario 3

Das dritte Szenario ist ein Spezialfall von Szenario 2. Falls alle örtlichen BTS aufgrund des Schadenfalls ausgefallen sind, kann auf die Verwendung des Störsenders verzichtet werden. Alle vor Ort liegenden MS suchen eine BTS, um Notrufe absetzen zu können.

- Die I-LOV-BTS wird gestartet. Die MS buchen sich nacheinander ein.
- Nun kann der MMTC (siehe Kapitel 3.1.4.1) ausgelöst und die MS geortet werden.

Auch wenn Szenario 2 am wahrscheinlichsten auftritt, wurde das System so entwickelt, dass alle drei Szenarien bedient werden können.

Im Folgenden Kapitel werden Aufbau, Funktion und Leistungsfähigkeit der entwickelten Störsender für GSM und UMTS beschrieben.

4 Störsender

Wie in Kapitel 3.1 beschrieben, werden zwei verschiedene Störsender benötigt, um das Einbuchen aller vorhandener MS[1] auf die I-LOV[2]-BTS[3] zu erzwingen. Bisher sind Störsender, wie sie für das I-LOV-System nötig sind, nicht erhältlich. Lediglich einige wenige Veröffentlichungen über Störsender (ohne ausreichende Performanz) sind bekannt [63–66].

4.1 GSM

Im Folgenden soll der GSM-Störsender im Detail beschrieben werden. Dazu wird auf die Anforderungen an ein GSM[4]-Störsignal eingegangen und eine Abschätzung der nötigen Jammerleistung wird angegeben. Im Anschluss wird die Architektur des Störsenders vorgestellt und abschließend werden Messergebnisse präsentiert.

4.1.1 Anforderungen an das Störsignal

Wie bereits in Kapitel 3.1.1 erklärt, ist es möglich eine Verbindung zwischen MS und BTS zu verhindern, indem der BCCH[5] einer BTS unauffindbar gemacht wird (analog zu Kapitel 2.1.5). Dies geschieht, indem auf der Grundfrequenz einer BTS, auf dem auch der BCCH ausgestrahlt wird, Rauschen ausgesendet wird. Dabei muss der Pegel ausreichen, um den FCCH[6] zu überdecken. Gelingt dies, kann der zugehörige SCH[7] nicht gelesen werden und somit wird der zugehörige BCCH für eine MS im Zielgebiet „unsichtbar“. Alle

[1]Mobilstation GSM, umgangssprachlich: Handy, engl.: Mobile Station

[2]Intelligentes sicherndes Lokalisierungssystem für die Rettung und Bergung von Verschütteten

[3]GSM-Mobilfunk-Basisstation, engl.: Base Transceiver Station

[4]Globales System für Mobilkommunikation, engl.: Global System for Mobile Communication

[5]Downlink-GSM-Kanal, der dem Endgerät Informationen über die aussendende Zelle liefert, engl.: Broadcast Control Channel

[6]Frequenzkorrekturkanal, engl.: Frequency Correction Channel

[7]Synchronisationskanal, engl.: Synchronization Channel

besprochenen Kanäle sind sogenannte logische Kanäle wie in Kapitel 2.1.4 beschrieben. Der BCCH wird auf einem der verfügbaren 200 kHz breiten Kanäle im GSM-DL[8]-Band von 925 - 960 MHz für E-GSM 900 oder von 1805 - 1880 MHz für DCS 1800 gesendet. Folgende Anforderungen an das Störsignal müssen erfüllt sein:

- Der BCCH von allen im Zielgebiet vorhandenen Fremd-BTS muss zuverlässig verdeckt werden.
- Die UL[9]-Frequenzen von E-GSM 900 dürfen keinesfalls gestört werden, da auf diesen Frequenzen später die sendenden MS empfangen und geortet werden sollen. Eine Verschlechterung des SNR[10] auf diesen Frequenzen würde den Ortungserfolg direkt negativ beeinflussen. Das Frequenzband liegt zwischen 880 MHz und 915 MHz.
- Die Frequenz der eigenen I-LOV-BTS darf nicht gestört werden. Das bedeutet, dass immer ein Kanal für die I-LOV-BTS frei von Störeinflüssen der Jammer bleiben muss, auch wenn in direkter Frequenznachbarschaft eine Fremdbasisstation sendet. Der minimale Abstand von Träger zu Träger beträgt für GSM 400 kHz. Zwischen zwei Kanälen bleibt immer ein Kanal frei, um gegenseitige Störeinflüsse zu vermeiden.
- Der Einzugsbereich der Störungen durch den Jammer sollte möglichst auf das Trümmerfeld begrenzt sein.
- Um nicht unnötig Sendeleistung zu verschwenden sollen lediglich die Kanäle gestört werden, in denen auch tatsächlich ein BCCH sendet. Dies führt einerseits zu niedrigeren Energiekosten und vor allem zu deutlich niedrigeren Kosten bei der Anschaffung der Leistungsverstärker und zum anderen zu geringeren Störungen in anderen Bändern. Dies bedeutet auch, um weiter Energie zu sparen, muss jedes Störsignal auf jedem Kanal einzeln in seiner Leistung einstellbar sein.

Diese Anforderungen an das Störsignal führen zu strikten Vorgaben für die Kanalfiltermaske der einzelnen Störsignale (Abbildung 4.1). Die Trägerfrequenz f_0 muss hierbei dem Kanalintervall von GSM von 200 kHz folgen können. Zusätzlich kann davon ausgegangen werden, dass zwischen zwei benachbarten BCCH immer ein Kanal frei gelassen wird. Dies ist in der GSM-Spezifikation so geregelt. Weiterhin gibt die Spezifikation eine minimale Dämpfung von 30 dB im Abstand von 200 kHz vom Träger vor. Um Telefongespräche sich in der Nähe befindlicher Personen möglichst wenig zu stören, wurde dieser Wert auf 50 dB erhöht. Dadurch wird sicher gestellt, dass BTS außerhalb der Schadenslage möglichst wenig gestört

[8] Datenübertragung von der Netzseite zum Endgerät, engl.: Downlink

[9] Datenübertragung vom Endgerät zum Kommunikationsnetz, engl.: Uplink

[10] Signal- zu Rauschleistungs-Verhältnis, engl.: Signal to Noise Ratio

werden. Weiterhin stellt der Wert von 50 dB einen guten Kompromiss zwischen Dämpfung und Filterordnung des Bandpassfilters (Abbildung 4.3) dar .

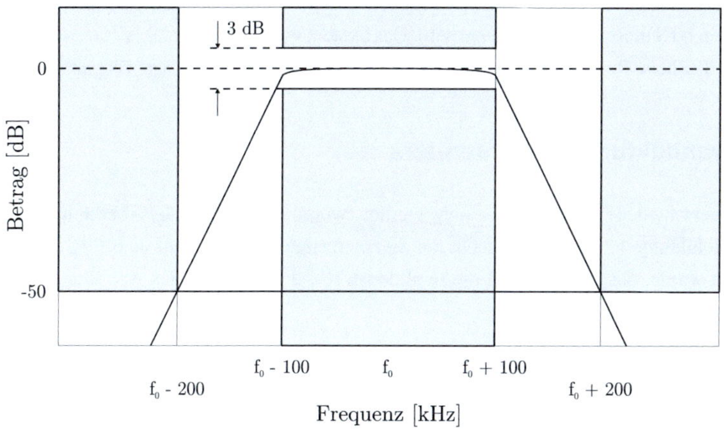

Abbildung 4.1: Kanalfiltermaske.

4.1.2 Abschätzung der nötigen Störsenderleistung

Eine genaue Abschätzung der nötigen Störsenderleistung hängt sehr stark vom jeweiligen Szenario ab. Im Gegensatz zum UMTS[11]-Ansatz (siehe Kapitel 4.2.2) soll für GSM nur kurz darauf eingegangen werden.

Laut GSM-Systemspezifikation (zum Beispiel in [67]) ist an der MS ein minimales SNR von 9 dB nötig, um die Daten mit einer BER[12] besser als 10^{-3} demodulieren zu können. Wird die Rauschleistung in einem Kanal über das thermische Rauschen innerhalb der Kanalbandbreite $B = 200\,\text{kHz}$ von

$$B\,N_{th}[\text{dBm}] = 10\,\log_{10}(kTB/1\,\text{mW}) \approx -121\,\text{dBm}, \tag{4.1}$$

mit der Boltzmannkonstante k und einer Temperatur von 290 K hinaus erhöht, bis das SNR unter 9 dB fällt, wird die Hauptanforderung aus Kapitel 4.1.1 erfüllt. Wie viel zusätzliche Interferenz nötig ist, um diesen Wert zu überschreiten hängt vor allem vom Abstand der MS zur BTS ab. Typische Empfangspegel an der MS liegen zwischen -90 dBm und -60 dBm. Da

[11] Mobilfunkstandard der dritten Generation, engl.: Universal Mobile Telecommunications System

[12] Bitfehlerrate, engl.: Bit Error Rate

das thermische Rauschen nur einen vernachlässigbaren Anteil beiträgt, müssen nach dieser Schätzung pro Kanal zwischen -98 dBm und -68 dBm Rauschleistung eingebracht werden. Für eine genaue Berechnung müssen die Anzahl, die Lage und die Kanaleigenschaften der umliegenden BTS in Reichweite bekannt sein. Das System wird mit einem 20 W PA[13] ausgestattet, um deutliche Reserven zu besitzen. In Kapitel 4.1.5 wird ein Ergebnis vorgestellt.

4.1.3 Architektur des Störsenders

Nachdem verschiedene Ansätze untersucht wurden, wurde der Aufbau aus Abbildung 4.2 gewählt. Abbildung 4.3 zeigt vereinfacht die Signalerzeugung, wie sie auf dem FPGA implementiert wurde. Nachfolgend soll die Funktionsweise der Elemente aus Abbildung 4.3 vorgestellt werden.

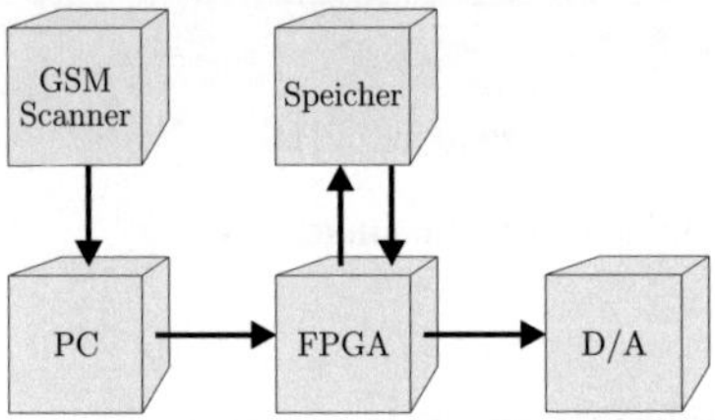

Abbildung 4.2: Jammer-Architektur.

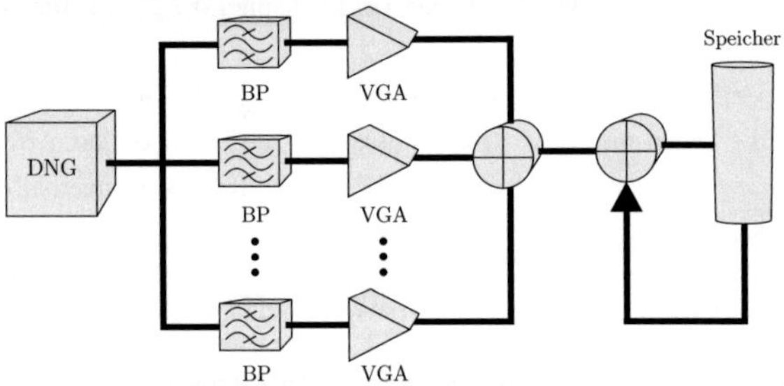

Abbildung 4.3: Signalerzeugung des Störsignals im FPGA.

[13]Leistungsverstärker, engl.: Power Amplifier

4.1.3.1 Erzeugung des Störsignals

Als DNG[14] wird ein Pseudozufallszahlengenerator eingesetzt. Eine effiziente Methode, einen Solchen in Hardware auf einem FPGA zu implementieren, ist die Verwendung von LFSR[15]. Diese können so entworfen werden, dass sie M-Sequenzen erzeugen. M-Sequenzen haben den großen Vorteil, dass sie die maximale Periodenlänge aufweisen, nach der sich eine Zahlenfolge wiederholt [68]. Dadurch wird das Rauschen noch gleichverteilter über der Frequenzachse.

Als Band-Pass-Filter wurde eine IIR[16]-Architektur gewählt. IIR-Filter haben eine höhere Stopp-Band-Dämpfung bei geringerem Hardwareaufwand als FIR[17]-Filter. Das bedeutet, sie lassen sich mit weniger Hardware-Multiplizierern und damit mit weniger DSP[18]-Blöcken im FPGA[19] realisieren. Die Charakteristik der Sprungantwort entspricht Tschebyscheff-I-Verhalten, da sie nicht unter Stopp-Band-Welligkeit leidet und gleichzeitig eine geringere Filterordnung als zum Beispiel Butterworth-Filter besitzt. Eine bestimmte Welligkeit im Durchlassbereich des Filters spielt keine Rolle, da es sich um ein Rauschsignal handelt und somit eine perfekt konstante Amplitude nicht nötig ist. Abbildung 4.4 zeigt die resultierende digitale Filtercharakteristik aufgenommen im FPGA.

4.1.3.2 Der Signalerzeugungsalgorithmus

In diesem Kapitel sollen die einzelnen Schritte des Erzeugungsalgorithmus des Störsignals beschrieben werden.

- Zuerst sucht ein GSM-Scanner (zugekauft) das komplette GSM-Downlink-Frequenzspektrum nach vorhandenen, sendenden BTS anderer Netzwerke ab. Die spezifische Kanalnummer und ebenfalls die gemessene Leistung des jeweiligen BCCH werden an den Steuer-PC übertragen.
- Der PC bildet die Schnittstelle zwischen dem GSM-Scanner und dem FPGA-Entwicklungsboard. Die gesammelten Daten über vorhandene BTS und Leistungslevel werden über serielle Schnittstellen an das FPGA übertragen.

[14] Digitaler Rauschgenerator, engl.: Digital Noise Generator

[15] Lineares Rückkopplungs-Shift-Register, engl.: Linear Feedback Shift Register

[16] Filterarchitektur mit unendlicher Impulsantwort, engl.: Infinit Impulse Response

[17] Filterarchitektur mit endlicher Impulsantwort, engl.: Finit Impulse Response

[18] Digitale Signalverarbeitung, engl.: Digital Signal Processing

[19] Integrierter Schaltkreis der Digitaltechnik, in den eine logische Schaltung programmiert werden kann, engl.: Field Programmable Gate Array

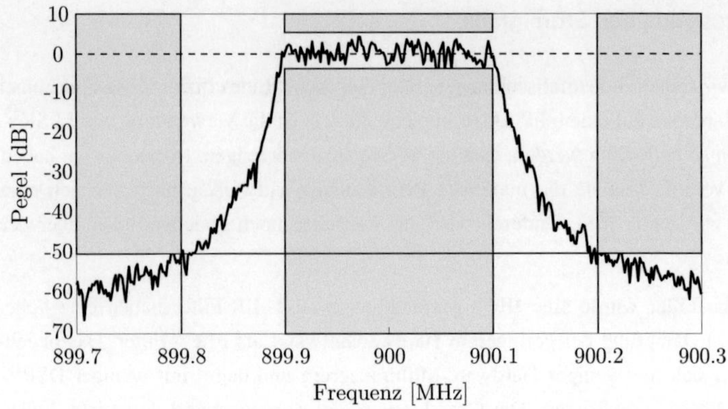

Abbildung 4.4: Aufgenommene Filterkurve des Bandpasses aus dem FPGA.

- Die Filterkoeffizienten für die einzelnen Kanalnummern sind im Voraus berechnet und im Speicher abgelegt. Das erzeugte weiße Rauschsignal wird nun von den Bandpassfiltern passend geformt, indem jeweils die zugehörigen Filterkoeffizienten geladen werden. Zusätzlich werden die VGA[20] passend zu den übermittelten Leistungspegeln eingestellt. Da die Anzahl der Hardware-Multiplizierer auf dem Stratix-II-FPGA begrenzt ist, können nur vier Filter gleichzeitig erzeugt werden. Falls mehr Kanäle gestört werden müssen, wird das Signal zuerst im Speicher abgelegt und im nächsten Schritt mit dem nächsten erzeugten Signal additiv kombiniert. Dadurch entsteht nach einigen Durchgängen das endgültige Störsignal (siehe Abbildung 4.3).
- Nachdem das Störsignal komplett erzeugt wurde, beginnt der Jammer das Signal auszusenden. Nun sucht der GSM-Scanner erneut alle Downlink-Bänder ab. Falls neue BTS auftauchen oder bereits gescannte BTS noch immer empfangbar sind, startet der Algorithmus von Neuem und die Leistungspegel werden gegebenenfalls erhöht. Dies geschieht so lange, bis kein BCCH mehr empfangen werden kann.

4.1.3.3 Leistungseinsparung

Verglichen mit einem Standard-Störverfahren, bei dem das ganze E-GSM 900-Spektrum mit Rauschen überdeckt werden muss, kann der Faktor der Leistungseinsparung P_S folgendermaßen berechnet werden:

[20] Verstärker mit variabler Verstärkung, engl.: Variable Gain Amplifier

$$P_S = \frac{G\, max(K_i)}{\sum_{i=1}^{n} K_i\, \delta} \tag{4.2}$$

K_i ist die Leistung des Kanals i, der gestört werden muss, n ist die Gesamtanzahl aller Kanäle, in denen ein BCCH messbar ist, G ist die maximale Anzahl an Kanälen in einer bestimmten Bandbreite und δ ist der Korrekturfaktor zwischen einem rechteckigen BP[21] und dem verwendeten BP aus Abbildung 4.4. δ wurde numerisch mithilfe einer Integration über alle Messpunkte und anschließender Differenzbildung mit einem idealen Rechteck zu $\delta = 1{,}0316$ ermittelt. Abbildung 4.8 zeigt ein beispielhaftes Störsignal, wie es in einem Vorstadtbezirk aussehen könnte. Fünf BTS müssen gestört werden. Hier ergibt sich P_S zu 84,29.

4.1.4 Hardwarerealisierung

Abbildung 4.5 zeigt den Hardwareaufbau der I-LOV-BTS zusammen mit dem GSM-Jammer in der finalen Version. Der GSM-Jammer passt in eine standardmäßige 19“-3HE-Schublade inklusive Spannungsversorgung der FPGA-Boards, HF[22]-Frontend und der Platine zur Generation der drei benötigten LO[23]-Signale. Zur Zeit werden der E-GSM 900- wie auch der DCS 1800-Jammer auf zwei getrennten Boards realisiert. Zukünftig ist es angedacht diese zu einem Board zu kombinieren. Das Schema des entwickelten Front-Ends ist in Abbildung 4.6 zu sehen. Das Rauschsignal für E-GSM 900 wird direkt verarbeitet. Das digital-analog konvertierte Signal wird zweimal tiefpassgefiltert, um die spektralen Wiederholungen, die bei der Konvertierung entstehen um 80 dB zu dämpfen. Das ist wichtig, da diese Spektralanteile das GSM-Uplinkband und andere Kommunikationsbänder stören, wenn sie in die HF-Lage hoch gemischt werden. Außerdem muss sichergestellt werden, dass so wenig wie möglich zusätzliches Rauschen in das E-GSM 900-Uplink-Band eingefügt wird. Dies würde das SNR verschlechtern und eine Ortung erschweren. Um den PA bestmöglich auszusteuern, verstärkt jeweils ein VGA das gefilterte Störsignal. Die VGA können direkt von den FPGA gesteuert und so auch für eine grundsätzliche Anhebung oder Abschwächung der Störsignale verwendet werden. Nachdem das Störsignal in die HF-Lage konvertiert wurde, wird das entstandene Spiegel-Signal durch einen BP gedämpft. Darauf folgend werden

[21] Bandpassfilter
[22] Hochfrequenz
[23] Lokaloszillator

Abbildung 4.5: Hardwareaufbau der I-LOV-BTS mit dem GSM-Jammer.

beide Störsignale, also E-GSM 900 und DCS 1800, kombiniert und einem Leistungsverstärker zugeführt. Eine breitbandige Antenne mit Richtwirkung wird für die Ausstrahlung des Störsignals verwendet. Die Antenne hat einen Antennengewinn von 7 dBi.

Da die Bandbreite des DCS 1800-Bandes eine Bandbreite von 75 MHz aufweist, die ADU[24] aber nur eine limitierte Abtastrate von maximal 160 Msps zur Verfügung stellen, könnten so die spektralen Wiederholungen nur unzureichend gefiltert werden. Ihr Abstand zum Hauptspektrum des Signals wäre zu gering. Deshalb wurde das DCS 1800-Band in zwei Teile aufgeteilt, zu jeweils einer Breite von 40 MHz. Das 40 MHz breite Grundsignal muss nun sowohl die Störanteile der unteren als auch der oberen Hälfte des Spektrums enthalten. Danach wird das Signal doppelt in die HF-Lage gemischt, direkt nebeneinander. Dadurch wird in geringem Maße Leistung unnötig verbraucht, da jetzt einige Kanäle gestört werden, die nicht gestört werden müssten. Diese Vorgehensweise ist aber trotzdem weitaus sparsamer als das gesamte Band mit Rauschen zu belegen.

Die 6 cm $\times$ 10 cm große Platine, abgebildet in Abbildung 4.7, beinhaltet die komplette LO-Erzeugung der drei nötigen LO für das Jammer-Frontend aus Abbildung 4.6. Zu sehen ist der Quarz (1), die PLL[25]-Synthesizer (2), die externen Schleifenfilter (3) sowie die erste Verstärkerstufe (4). Da für eine gute Leistung der Mischer eine hohe LO-Leistung von 15 dBm

[24] Analog-Digital-Umsetzer

[25] Phasenregelschleife, engl.: Phase-locked loop

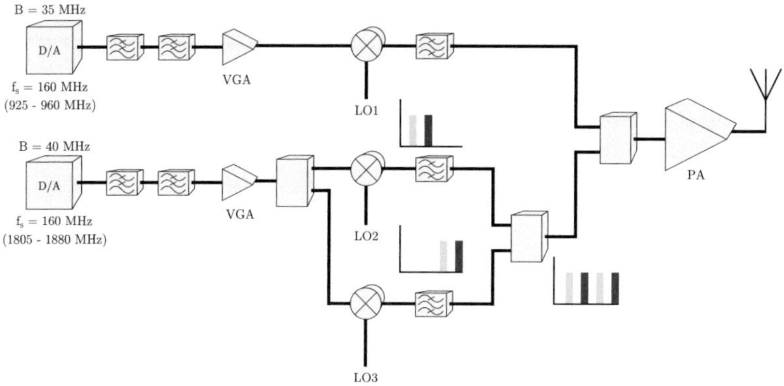

Abbildung 4.6: Schema des GSM-Jammer-Frontends.

nötig ist, befindet sich auf der unteren Adapterplatine jeweils eine weitere Verstärkerstufe. Der Mikrocontroller zur Programmierung der PLL und die Spannungsversorgung befinden sich auf der Lötseite (Unterseite) der oberen Platine.

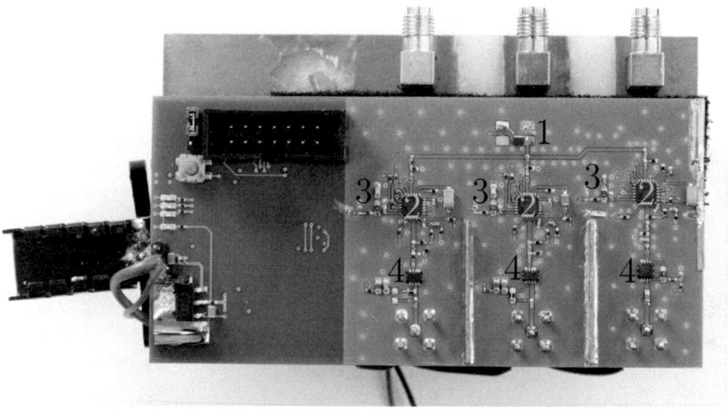

Abbildung 4.7: Platine zur Erzeugung der drei LO-Signale.

4.1.5 Messungen und Feldtest

Verschiedene Messungen der Performanz der Jammer-Module wurden durchgeführt. Abbildung 4.8 zeigt das Leistungsdichtespektrum eines Beispielstörsignals im E-GSM 900-Downlink-Band. Beliebige Leistungspegel zwischen dem Rauschteppich und circa -55 dBm beziehungsweise -95 dBm/Hz (ohne Verstärkung im Frontend) ist möglich. In Abbildung

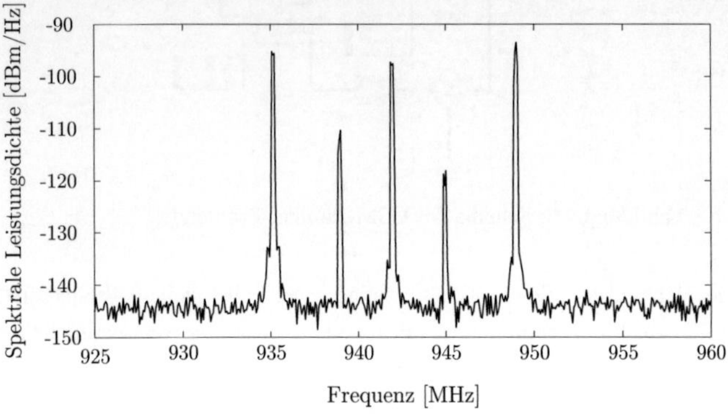

Abbildung 4.8: Messung eines erzeugten Beispiel-Störsignals im E-GSM 900-Band.

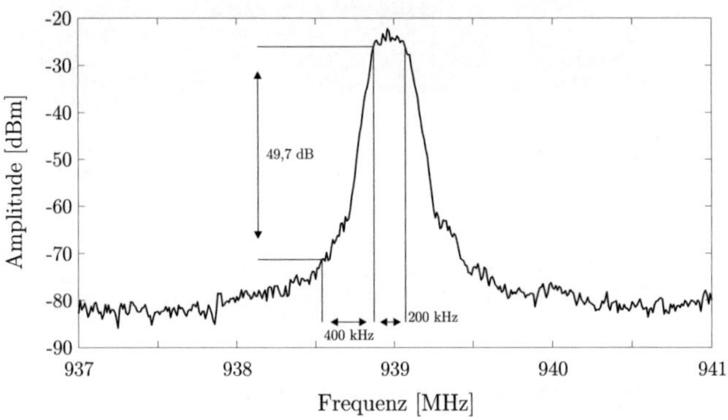

Abbildung 4.9: Messung eines einzelnen Störsignalkanals.

4.9 ist ersichtlich, dass die Rauschleistung erst im Abstand von 400 kHz um 50 dB gedämpft ist, im Gegensatz zu den in Kapitel 4.1.1 geforderten 100 kHz. Die Hauptursache für diese

Degradierung des Signals stellt der große Jitter von 325 ps des DAU[26]-Taktes dar. In Abbildung 4.10 ist der Phasenrauschplot des Taktsignals und in Abbildung 4.11 das dazugehörige Spektrum zu sehen. Die Phasenrauschmessung kann hier allerdings nur als qualitativer Anhaltspunkt dienen, da die Messung mit einem aktiven Tastkopf durchgeführt wurde, der selbst Rauschen hinzufügt. Deutlich zu sehen sind dennoch zum einen das sehr schlechte Phasenrauschen und zum anderen starkes Rauschen und große Spuriosen im Spektrum. In [69] werden die negativen Effekte, die Jitter auf dem Taktsignal hervor ruft, erläutert. Daraus lässt sich der Jitter auch als Ursache im hier vorliegenden Fall ausmachen.

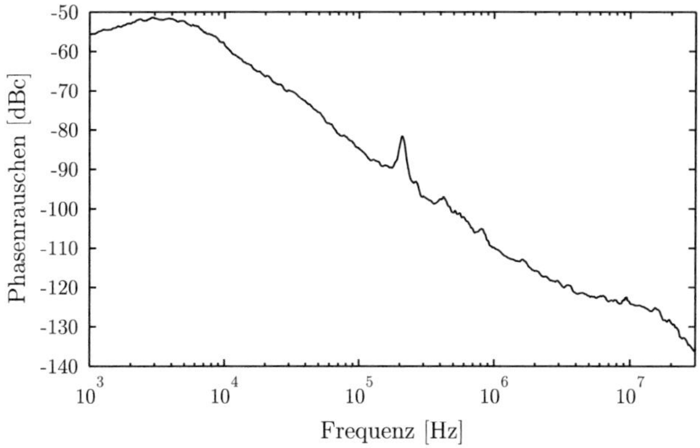

Abbildung 4.10: Phasenrauschplott des DAU-Taktsignals.

Die Funktion wird durch die schwächere Dämpfung nicht beeinträchtigt. Die schwächere Anforderung aus dem GSM-Protokoll von 30 dB Dämpfung im Abstand von 400 kHz vom Träger wird deutlich eingehalten. Für den anschließend entwickelten UMTS-Jammer wurde dieses Problem durch eine externe quarzstabilisierte Takterzeugung gelöst.

Des Weiteren wurden einige Feldtests durchgeführt. Hierfür wurden auf einem alten Bundeswehr-Trainingsgelände und auf dem Gelände der THW[27]-Bundesschule in Hoya von THW-Helfern Trümmerstrukturen zum Testen aufgebaut. Dabei konnte auch ein Reichweite-Test mit voller Leistung durchgeführt werden. Mit einem 10 W-PA konnte eine etwa kreisförmige Fläche mit einem Radius von 220 m erfolgreich gestört werden. Abbildung 4.12 wurde aus wenigen Messpunkten extrapoliert und stellt daher lediglich eine Abschätzung dar. Aus-

[26]Digital-Analog-Umsetzer, engl.: Digital to Analog Converter

[27]Bundesanstalt Technisches Hilfswerk

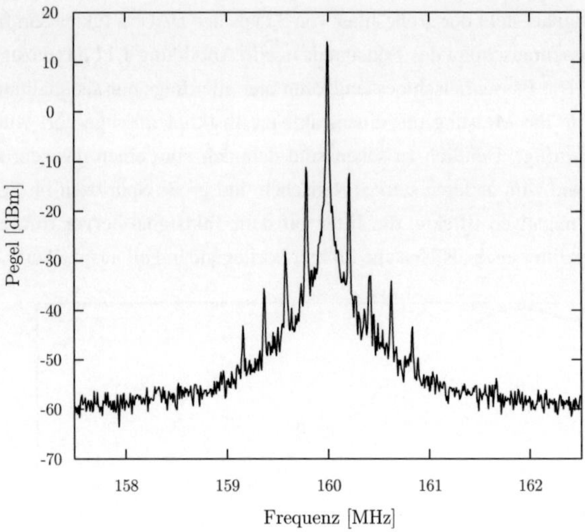

Abbildung 4.11: Spektrum des DAU-Taktsignals.

giebige Messungen sind leider nicht möglich, da die Störung des Netzes auf ein Minimum reduziert werden muss. Abbildung 5.21(c) zeigt das Gesamtsystem im Einsatz.

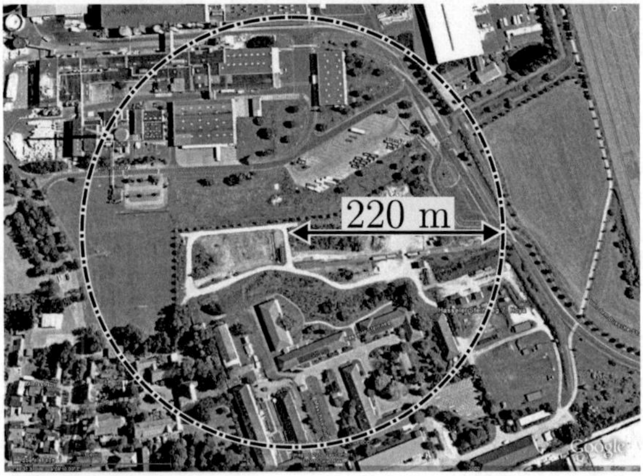

Abbildung 4.12: Extrapolierte gestörte Fläche mit einem 10 W - PA.

4.2 UMTS/WCDMA

Da fast 100% aller neuen mobilen Endgeräte den UMTS-Standard unterstützen, muss für einen zuverlässigen Betrieb des I-LOV-Systems gewährleistet werden, dass sich trotzdem alle MS an der I-LOV-BTS anmelden. UMTS ist bei neueren Geräten das Standardsystem. Sie melden sich meist nur im GSM-Netz an, wenn kein UMTS-Netz verfügbar ist oder um Energie zu sparen. Dies bedeutet, dass ein Jamming-System benötigt wird, das alle MS (beziehungsweise UE[28]) zwingt, ihre UMTS-Zelle zu verlassen und GSM zu priorisieren. Die in dieser Arbeit eingeführte Jamming-Strategie für UMTS-Mobilfunk wird im Folgenden „Selektive Interferenzeinspeisung" genannt. Die Vorgehensweise und die Umsetzung dieser neuartigen Störtechnik ist Thema des folgenden Kapitels.

4.2.1 Grundlagen der selektiven Interferenzeinspeisung

Der Wechsel eines UE von der UMTS-Netzarchitektur (UTRAN[29], vergleiche Abbildung 2.10) zur GSM-Netzarchitektur (GERAN[30], vergleiche Abbildung 2.10) wird Inter-Radio-Access-Technology-Cell-Reselection genannt. Ein solcher Wechsel wird ausgelöst, wenn bei einer der regelmäßig ausgeführten Qualitätsmessungen des UE oder bereits beim Versuch des Einbuchens in eine Zelle das Qualitätsmerkmal S_{Qual} verletzt wird:

$$S_{Qual} = Q_{Qualmeas} - Q_{Qualmin} \overset{!}{>} 0, \tag{4.3}$$

mit

$$Q_{Qualmeas} = 10\log_{10}\left(\text{CPICH}\frac{E_c}{I_0}\right) \tag{4.4}$$

und

$$-24\,\text{dB} \leq Q_{Qualmin} \leq 0\,\text{dB}. \tag{4.5}$$

$Q_{Qualmeas}$ stellt also das Verhältnis von Chip-Energie E_c im CPICH[31] zur gesamten Interferenz I_0 der Zelle dar. I_0 setzt sich aus Fremdinterferenz I_f erzeugt durch Nachbarzellen,

[28] Mobilstation UMTS, umgangssprachlich: Handy, engl.: User Equipment

[29] UMTS-Netzwerkkern bestehend aus Basisstationen und dazugehörigen Controllern, engl.: Universal Terrestrial Radio Access Network

[30] GSM-Netzwerkkern bestehend aus Basisstationen und dazugehörigen Controllern, engl.: GSM EDGE Radio Access Network

[31] Gemeinsamer Pilotkanal einer UMTS-Zelle, engl.: Common Pilot Indicator Channel

aus Eigeninterferenz I_e erzeugt durch alle Kanäle einschließlich des CPICH in der eigenen Zelle und dem thermischen Grundrauschen $\mathcal{N}_0$ zusammen:

$$I_0 = I_f + I_e + \mathcal{N}_0. \tag{4.6}$$

$Q_{Qualmin}$ kann maximal den negativen Wert des Spreizgewinns

$$10 \log_{10}(SF|_{\text{CPICH}}) = 10 \log_{10}(256) = 24\,\text{dB} \tag{4.7}$$

auf $Q_{Qualmeas}$ aufaddieren. Dieser Zusammenhang zwischen Spreizgewinn und $Q_{Qualmin}$ legt eine weitere Betrachtungsweise im Gegensatz zu Kapitel 2.2.3.3.3 nahe:

Aufgrund der Interferenz, die sich die Zellen gegenseitig und selbst einspeisen, wird der Spreizgewinn benötigt, um überhaupt eine stabile Kommunikation in der Zelle zu gewährleisten. Wird $Q_{Qualmin} < 0\,\text{dB}$ gesetzt, wird ein Teil des Spreizgewinns zum Beispiel für eine höhere Netzabdeckung aufgewendet; also eine größere Interferenz I_0 in Kauf genommen.

Abbildung 4.13 veranschaulicht die Messung der Qualitätsgrößen in einem UMTS-Empfänger. Der RSSI[32] wird direkt nach dem Empfangsfilter gemessen, während der RSCP[33]

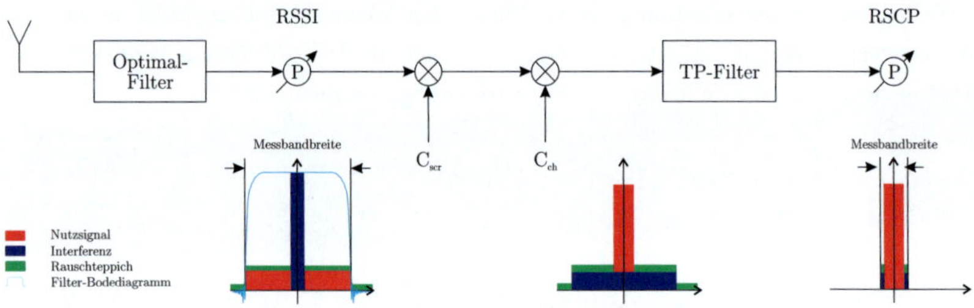

Abbildung 4.13: Messung der Qualitätsgrößen in einem UMTS-Empfänger.

nach der Multiplikation mit Spreiz- und Scramble-Code ermittelt wird. Diese Größen werden laut [70] in Abständen zwischen 5,12 s und 0,64 s zyklisch ermittelt. Eine Veränderung der Qualitätsmerkmale einer Zelle wirkt sich also umgehend aus. Wird keine Empfangs-Antennendiversität eingesetzt, berechnet sich $Q_{Qualmeas}$ zu [70]

$$Q_{Qualmeas} = 10 \log_{10}\left(\text{CPICH}\frac{E_c}{I_0}\right) = 10 \log_{10}\left(\frac{\text{CPICH RSCP}}{\text{RSSI}}\right). \tag{4.8}$$

[32] Gesamte empfangene Leistung inkl. Rauschen in einem Kanal, engl.: Received Signal Strength Indicator

[33] Empfangene Leistung eines entspreizten Kanals; auch Nutzleistung, engl.: Received Signal Code Power

Aus (4.8) und Abbildung 4.13 wird klar, an welcher Stelle UMTS angreifbar ist. Wird der RSSI mit zusätzlicher Interferenz innerhalb der Kanalbandbreite angehoben, kann das Verhältnis in (4.8) so weit verringert werden, dass S_{Qual} aus (4.3) verletzt wird. Dadurch wird die Zelle vom UE nicht länger als funktional angenommen und eine Inter-Radio-Access-Technology-Cell-Reselection wird ausgelöst. Zusätzlich zu betonen ist die Tatsache, dass der UMTS-Standard an diesem Punkt in der Empfangskette keinen weiteren Vorteil aus dem Spreizgewinn ziehen kann, da der RSSI vor der Entspreizung gemessen wird. Diese Schwachstelle wird im Folgenden genutzt.

4.2.2 Abschätzung der benötigten Störsendeleistung

Eine Abschätzung der benötigten Störsendeleistung, um ein bestimmtes Gebiet in einem UMTS-Netz zu stören, ist äußerst schwierig und kann nicht allgemein gültig beschrieben werden. Zu viele Faktoren beeinflussen die Pegel in einer UMTS-Zelle. Um dennoch eine Vergleichsmöglichkeit zu haben, kann ein realistisches aber vereinfachtes Szenario angenommen werden. Auf diese Weise können die Komplexität verdeutlicht und gleichzeitig belastbare Ergebnisse erzielt werden.

Als erstes hängt der im UE gemessene RSCP des CPICH von der Geographie des Szenarios und von der zur Zelle gehörenden Node B[34] ab. Bestimmende Faktoren sind die Sendeleistung des CPICH, die Entfernung zwischen Node B und UE und die Dämpfung des CPICH auf dem jeweiligen Kanal. Zweitens ist der gemessene RSSI sowohl abhängig von der Aktivität in der eigenen Zelle als auch von der Interferenz verursacht durch Nachbarzellen. Als letztes hängt der Wechsel eines UE in das GSM-Netz von dem in den Systeminformationen übertragenen Wert von $Q_{Qualmin}$ ab (vergleiche Kapitel 4.2.1). Abbildung 4.14 veranschaulicht ein mögliches Szenario. Das Verhältnis E_c/I_0 des CPICH aus (4.8) kann hier durch

$$\frac{E_c}{I_0} = \frac{\text{CPICH RSCP}}{\text{RSSI}} = \frac{\eta\, P_{\text{NodeB}}\, L_B(r_{BU})}{B_{WB}\, N_{th} + P_{sc}\, L_B(r_{BU}) + P_{nc}\, L_N(r_{NU}) + P_J\, L_J(r_{JU})} \tag{4.9}$$

ausgedrückt werden. Dabei ist P_{NodeB} die gesamte Sendeleistung einer UMTS-Basisstation, η der Anteil der Sendeleistung des CPICH bezogen auf P_{NodeB} in %, $L_B(r_{BU})$ der Pfadverlust zwischen der Node B und dem UE in Abhängigkeit des Abstandes r_{BU}. Aus diesen Größen kann der CPICH RSCP berechnet werden.

B_{WB} stellt die Filterbandbreite des Empfangsfilters im UE dar, N_{th} den Anteil des thermischen Rauschens an der Gesamtinterferenz I_0. Dazu kommen noch die Eigeninterferenz (erzeugt durch die eigene Zelle) $P_{sc}\, L_B(r_{BU})$, die Nachbarzelleninterferenz $P_{nc}\, L_N(r_{NU})$ und die

[34] UMTS-Mobilfunk-Basisstation

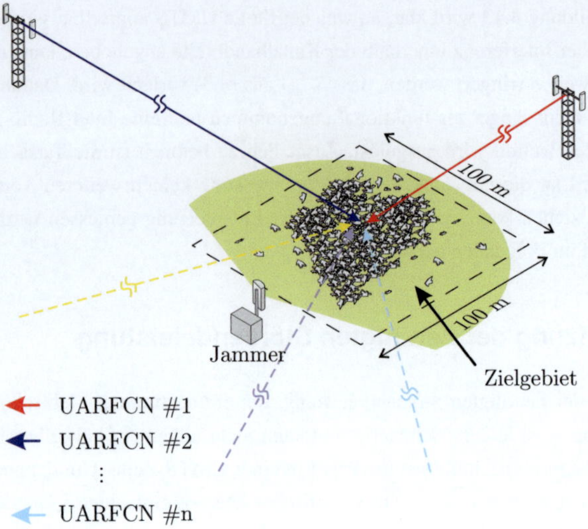

Abbildung 4.14: Beispielszenario für selektive Interferenzeinspeisung.

durch den Jammer eingespeiste Störinterferenz $P_J L_J(r_{JU})$. L_N und L_J stellen die jeweiligen Pfadverluste von den Nachbarzellen beziehungsweise vom Jammer bis zum UE dar. Um die Komplexität des Szenarios möglichst gering zu halten, soll davon ausgegangen werden, dass die Antenne des UE die Charakteristik eines Kugelstrahlers besitzt und für die Antennen der Node B und des Jammingsystems ein Antennengewinn von $G_{NodeB} = G_j = 7\,\text{dBi}$ gilt. Dieser Wert entspricht den realen Antennen im I-LOV-System. In erster Abschätzung wird zur Berechnung des Ausbreitungsverlustes reine Freiraumausbreitung zu Grunde gelegt und es werden ausschließlich AWGN[35]-Kanäle angenommen. Mit dieser Voraussetzung tauchen in (4.9) keine Winkelabhängigkeiten oder aufwendige Kanalmodelle auf. In den folgenden Unterkapiteln soll nun (4.9) mit sinnvollen Werten gefüllt werden. Dabei ist anzumerken, dass in (4.9) in Watt gerechnet wird. Zur besseren Veranschaulichung soll, soweit möglich, ansonsten in dB beziehungsweise dBm gerechnet werden. Die entsprechenden Variablen erhalten zur Kennzeichnung die jeweiligen Indizes $_{\text{dBm}}$ beziehungsweise $_{\text{dB}}$.

[35] Additives Weißes Rauschen mit Gaußscher Amplitudenverteilung, engl.: Additive White Gaussian Noise

4.2.2.1 Energie pro Chip des CPICH

Der CPICH RSCP kann durch

$$\text{CPICH RSCP}_{\text{dBm}} = \eta\, P_{\text{NodeB}_{\text{dBm}}} + L_{B_{\text{dB}}}(r_{BU}) \tag{4.10}$$

ausgedrückt werden (siehe (4.9)). Die Gesamtsendeleistung P_{NodeB} einer Node B in einem UMTS-Netzwerk beträgt 43 dBm oder etwa 20 Watt [44]. Die Leistung des CPICH nimmt dabei standardmäßig $\eta = 10\%$ ein, also 33 dBm beziehungsweise 2 W [44]. Der Durchmesser einer Zelle in einem dicht besiedelten Wohngebiet oder Wirtschaftsraum entspricht einer sogenannten Mikrozelle und hat einen Durchmesser von etwa 1 km [71]. Daraus abgeleitet wird der Abstand zwischen Node B und UE r_{BU} zu 250 m gewählt, was einem mittleren Abstand entspricht. Anschließend kann mithilfe der bekannten Formel der Freiraum-Pfadverlust $L_B(r_{BU})$ angegeben werden:

$$L_{B_{\text{dB}}(r_{BU})} = 20\log_{10}\left(\frac{\lambda}{4\pi r_{BU}}\right) + G_{\text{NodeB}} = -80\,\text{dB}. \tag{4.11}$$

Nun kann die im UE gemessene CPICH RSCP berechnet werden:

$$\text{CPICH RSCP}_{\text{dBm}} = 33\,\text{dBm} - 80\,\text{dB} = -47\,\text{dBm}. \tag{4.12}$$

4.2.2.2 Thermisches Rauschen

Die thermische Rauschleistung innerhalb der Filterbandbreite B_{WB} ist durch die Johnson-Nyquist-Formel gegeben [72]:

$$B_{WB}N_{th} = 10\log_{10}(kTB_{WB}/1\,\text{mW}) \approx -108\,\text{dBm}, \tag{4.13}$$

mit der Boltzmannkonstante $k = 1{,}3806488 \cdot 10^{-23}\,\text{J/K}$, einer Temperatur von 290 K und einer Kanalbandbreite von 5 MHz.

4.2.2.3 Eigeninterferenz der Zelle

Die Eigeninterferenz einer Zelle hängt vor allem von der Anzahl der gleichzeitigen Verbindungen innerhalb der Zelle ab. Selbst wenn, wie in diesem Szenario angenommen, keine Gesprächs- oder Datenverbindungen bestehen, werden dennoch einige sogenannte Overhead-Kanäle benötigt. Diese müssen für Einbuchversuche der UEs, zur Synchronisation, zur Übermittlung von allgemein gültigen Anweisungen an alle Teilnehmer und zum Paging immer vorhanden sein. Um einen sinnvollen Wert für die Eigeninterferenz der Zelle $P_{sc_{\mathrm{dBm}}} + L_{B_{\mathrm{dB}}}(r_{BU})$ angeben zu können, wird ein Beispiel aus [44] heran gezogen. In Tabelle 4.1 sind alle Overhead-Kanäle und deren Anteile an der zur Verfügung stehenden Gesamtsendeleistung von 43 dBm aufgelistet. Da die Eigeninterferenz direkt in den RSSI eingeht und gleich hinter dem Empfangsfilter gemessen wird (vergleiche Abbildung 4.13), berechnet sie sich durch die Addition aller Overhead-Kanäle einschließlich des CPICH:

$$P_{sc} = 3{,}65\,\mathrm{W} \mathrel{\widehat{=}} 35{,}6\,\mathrm{dBm} \tag{4.14}$$

Selbstverständlich erfährt die Eigeninterferenz P_{sc} den selben Pfadverlust $L_B(r_{BU})$ wie der CPICH. Daraus folgt für die Eigeninterferenz:

$$P_{sc_{\mathrm{dBm}}} + L_{B_{\mathrm{dB}}}(r_{BU}) = 35{,}6\,\mathrm{dBm} - 80\,\mathrm{dB} = -44{,}4\,\mathrm{dBm}. \tag{4.15}$$

Kanal	Leistung relativ zum Pilotkanal [dB]	Absolute Leistung [dBm]	Tastgrad	Absolute Leistung [W]
CPICH	0	33	100%	2.000
PSCH	-3	30	10%	0.100
SSCH	-5	28	10%	0.063
PICH	-6	27	96%	0.480
AICH	-5	28	1%	0.006
S-CCPCH$_{\mathrm{FACH}}$	4	37	10%	0.500
S-CCPCH$_{\mathrm{PCH}}$	4	37	10%	0.500

Tabelle 4.1: Node B-Overhead-Kanäle und ihre Anteile an der zur Verfügung stehenden Gesamtsendeleistung einer Zelle.

4.2.2.4 Nachbarzelleninterferenz

Zur Berechnung wird der in Abbildung 4.15 gezeigte einfache Netzplan verwendet um eine Abschätzung formulieren zu können. In realen Netzen sind Zellen nicht sechseckig und die Überlappung der Zellen untereinander schwankt stark. Diese Form bietet für eine allgemeine Betrachtung dennoch große Vorteile. Für ein spezifisches Szenario müssten die exakten Zellenpläne herangezogen werden. Hier soll von weiteren sechs Mikrozellen mit einem Durchmesser von 1 km ausgegangen werden. Der Abstand von Node B zu Node B ist demnach ebenfalls 1 km. Da die Schadenslage nicht mittig in der eigenen Zelle liegt, unterscheiden sich die Abstände der Nachbarzellen zur Unglücksstelle. Jedoch befinden sich gleich viele Node B weiter entfernt, wie näher an der Schadenslage. Die Zellen sollen alle eine ähnliche Bebauung aufweisen und dadurch gleiche Abschattung und gleiches Fading erfahren. Dadurch gleichen sich die Abstände insgesamt aus und es kann von sechs Node B im Abstand von $r_{NU} = 1\,\text{km}$ ausgegangen werden. Für den Pfadverlust zwischen Nachbarzelle und Schadenslage folgt damit:

$$L_{N_{\text{dB}}}(r_{NU}) = 20\log_{10}\left(\frac{\lambda}{4\pi r_{NU}}\right) + G_{\text{NodeB}} = -92\,\text{dB}. \tag{4.16}$$

Weiterhin soll angenommen werden, dass das Gebiet evakuiert wurde und nur vernachlässigbar wenige Gespräche innerhalb dieser acht Zellen stattfinden. Daher kann in erster Näherung für die Nachbarzelleninterferenz P_{nc_n} einer Nachbarzelle n der Wert der Eigeninterferenz der Zelle $P_{sc_{\text{dBm}}} = 35{,}6\,\text{dBm}$ herangezogen werden. Die Nachbarzelleninterferenz der Zelle berechnet sich demnach zu

$$P_{nc_{n_{\text{dBm}}}} + L_{N_{\text{dB}}}(r_{NU}) = 35{,}6\,\text{dB} - 92\,\text{dB} = -56{,}4\,\text{dBm}. \tag{4.17}$$

Mit (4.17) kann nun die gesamte Nachbarzelleninterferenz an der Schadenslage aus Abbildung 4.14 berechnet werden:

$$P_{nc}L_N(r_{NU}) = 2{,}3\,\text{nW}\cdot 6 = 13{,}8\,\text{nW} \mathrel{\widehat{=}} -48{,}6\,\text{dBm}. \tag{4.18}$$

4.2.2.5 Bestimmung der nötigen Jammerinterferenz

Wird (4.9) in (4.8) mit (4.12), (4.13), (4.15) und (4.18) eingesetzt, kann $P_J L_J(r_{JU})$ berechnet werden:

$$P_J L_J(r_{JU}) = \frac{1}{Q_{Qualmeas}}\,\eta\,P_{NodeB}L_B(r_{BU}) - B_{WB}N_{th} - P_{sc}L_B(r_{BU}) - P_{nc}L_N(r_{NU}) \tag{4.19}$$

Mit einem mittleren Wert von $Q_{Qualmin} = -12\,\text{dB}$ ((4.3) - (4.5)) und einem Abstand von $r_{JU} = 50\,\text{m}$ des Jammers zum UE ergibt sich für die benötigte Jammerleistung an der Position des UE:

$$\begin{aligned} P_J L_J(r_{JU}) &= 10^{1,2}\cdot 20\,\text{nW} - 15{,}8\,\text{fW} - 36{,}3\,\text{nW} - 13{,}8\,\text{nW} \\ &= 29{,}1\,\text{nW} \mathrel{\widehat{=}} -45{,}4\,\text{dBm}. \end{aligned} \tag{4.20}$$

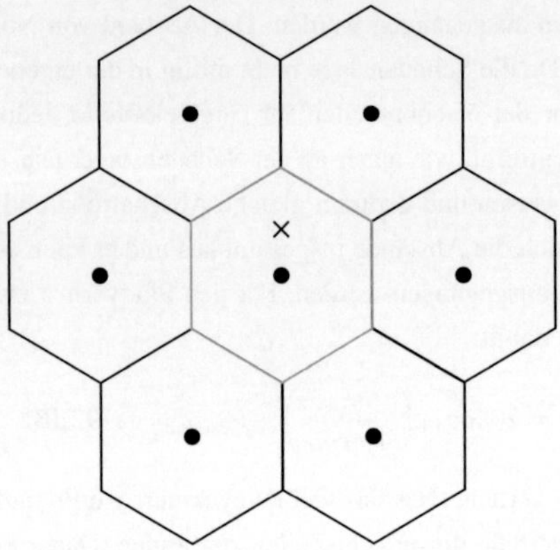

Abbildung 4.15: Angenommener Netzplan des UMTS-Netzes.

Der Pfadverlust des Jammersignals berechnet sich zu

$$L_{J_{\mathrm{dB}}}(r_{JU}) = 20\log_{10}\left(\frac{\lambda}{4\pi r_{JU}}\right) + G_{\mathrm{J}} = -66\,\mathrm{dB}. \tag{4.21}$$

Nun kann die benötigte Jammersendeleistung errechnet werden:

$$P_{J_{\mathrm{dBm}}} = -45{,}4\,\mathrm{dBm} + 66\,\mathrm{dBm} = 20{,}6\,\mathrm{dBm} \mathrel{\widehat{=}} 0{,}1\,\mathrm{W}. \tag{4.22}$$

Dabei wird die Art der Trümmer und die Tiefe des UE in den Trümmern nicht beachtet. Die zusätzliche Dämpfung wirkt sich sowohl auf E_c als auch auf I_0 im gleichen Maße aus und kann somit als konstanter Faktor vernachlässigt werden. Dieses Ergebnis gilt natürlich nur im schmalen Rahmen des hier angenommenen Szenarios. Es zeigt aber, dass mit selektiver Interferenzeinspeisung auch ohne sehr hohe Störleistungen eine UMTS-Zelle gestört werden kann. Mit dem in diesem Kapitel erarbeiteten formalen Rahmen sind Berechnungen für beliebige Szenarien möglich.

4.2.3 Implementierung und Realisierung in Hardware

Das System wurde vorrangig für den europäischen Raum entworfen, in dem das WCDMA[36]-Band I verwendet wird. Dieses Band deckt den Bereich zwischen 2110 MHz

[36]Breitband-Codemultiplexverfahren, engl.: Wideband Code Division Multiple Access

und 2170 MHz ab. Eine Anpassung an die Bänder II, IV, V und VI ist mit kleinen Änderungen des HF-Frontends problemlos möglich. Diese Bänder sind ebenfalls 60 MHz breit oder schmaler. Nur der LO und die Bandpassfilter müssten angepasst werden. Lediglich Band III ist mit 75 MHz zu breit, um ohne Änderungen der Signalerzeugung komplett abgedeckt zu werden. Abbildung 4.16 zeigt den Aufbau im I-LOV-Rack, Abbildung 4.17 die Signalerzeugungshardware bis in die HF-Lage.

Abbildung 4.16: Aufbau des UMTS-Jammers im I-LOV-Rack: 1) FPGA-Signalgenerator; 2) Abtasttakterzeugung; 3) ADU-Adapterplatine; 4) HF-Frontend.

4.2.3.1 Digitale Störsignalerzeugung

Im ersten Schritt kann, wie bereits in Kapitel 4.1.3.2 für GSM geschildert, auch das UMTS-Spektrum nach vorhandenen Node B gescannt werden. Im Gegensatz zum GSM-Jammer wurde für UMTS eine etwas andere Vorgehensweise zur Störsignalerzeugung gewählt. Die komplexwertigen Rausch-Störsignale werden auf einem PC mithilfe einer graphischen Benutzeroberfläche durch digitale Filterung von Zufallszahlenfolgen erzeugt. Es wird ein digitales ECB-Signal[37] mit einer Bandbreite von 60 MHz, also im Frequenzbereich zwischen −30 MHz...30 MHz, erzeugt. Komplexe Signale haben den Vorteil, dass ihr Spektrum nicht symmetrisch sein muss und Information getrennt in Real- und Imaginärteil enthalten sein kann. Daher ist es möglich, die nötige Bandbreite auf 30 MHz zu reduzieren, was wiederum die benötigte Abtastfrequenz der ADU verringert beziehungsweise die Anforderungen an die Anti-Aliasing-Filter des HF-Front-Ends reduziert.

Grundsätzlich wird immer ein 10 ms langer Frame digitaler Daten wiederholt, denn reale UMTS-Kanäle basieren ebenfalls auf 10 ms-langen Frames. Auf diese Weise ist es mit diesem System auch möglich komplexere Störsignale zu generieren, die konform mit dem UMTS-Standard sind. Diese Möglichkeit soll in dieser Arbeit außen vor gelassen werden. Mehr Informationen zu standardkonformen Jammingstrategien können in [25] und [73] gefunden werden.

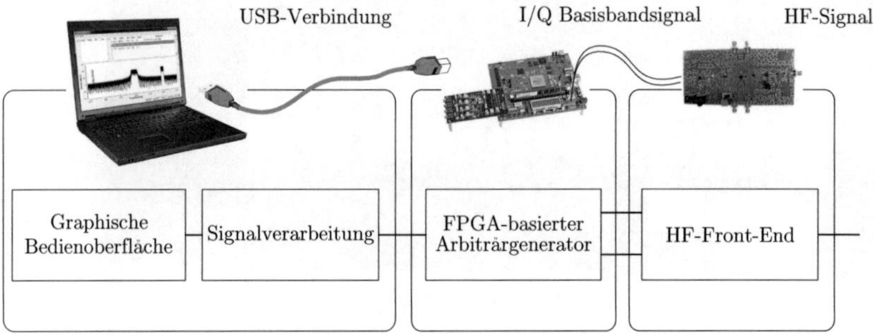

Abbildung 4.17: Signalerzeugungshardware.

Da UMTS, wie bereits in Kapitel 2.2 beschrieben, einen Chiptakt von $R_C = 3{,}84\,\text{Mcps}$ hat, liegt es nahe ein ganzzahliges Vielfaches als Abtastrate zu nutzen:

$$f_s = 16 \cdot 3.84 \cdot 10^6 \frac{1}{\text{s}} = 61{,}44\,\text{MHz}. \tag{4.23}$$

Abbildung 4.18 zeigt die hergestellte Platine zur Erzeugung des 61,44 MHz-Taktsignals. Zu sehen ist der Quarz und die dazugehörige Trimmschaltung und Spannungsversorgung.

[37] Äquivalentes Basisbandsignal, engl.: Equivalent Complex Baseband Signal

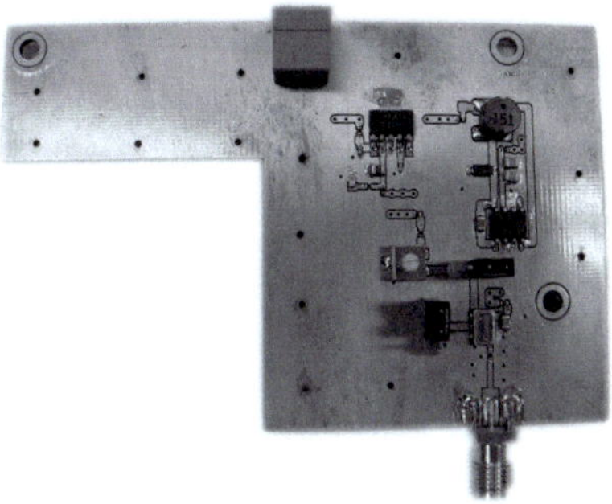

Abbildung 4.18: Platine zur Generation des 61,44 MHz-Taktsignals.

Um die Anforderungen an die analogen Rekonstruktionsfilter noch weiter zu verringern, wird zusätzlich auf dem FPGA digital die Abtastrate um den Faktor 4 erhöht. Durch diese Maßnahme wird der Abstand der spektralen Wiederholungen auf

$$4 \cdot 61{,}44\,\mathrm{MHz} - 60\,\mathrm{MHz} = 185{,}76\,\mathrm{MHz} \qquad (4.24)$$

erhöht und somit die benötigte Steilflankigkeit der Filter verringert beziehungsweise die Dämpfung der spektralen Wiederholungen wird bei konstanter Filtercharakteristik erhöht.

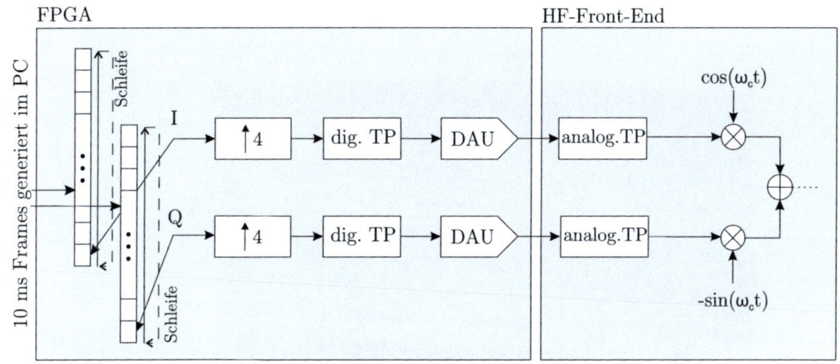

Abbildung 4.19: Weiterverarbeitung des im PC generierten Störsignals.

4.2.3.2 UMTS-HF-Front-End

Als Sendearchitektur wurde direkte IQ-Konversion gewählt. Die Vorteile gegenüber einem mehrstufigen Konzept liegen vor allem in den geringeren Anforderungen an die Bandpassfilter (siehe Abbildung 4.20) hinter dem Mischer, da die spektralen Wiederholungen erst bei der doppelten Lokaloszillatorfrequenz auftauchen, die in diesem Fall deutlich höher liegt. Zusätzlich fällt der Zwischenfrequenzzweig weg, was Komplexität, zusätzliche Bauteile und somit Kosten und Energie einspart. Das Blockschaltbild der gewählten Architektur ist in Abbildung 4.20 zu sehen, die Hardwarerealisierung zeigt Abbildung 4.21. Als

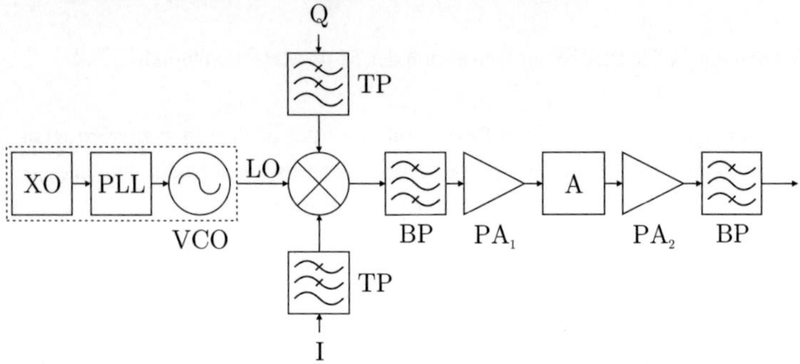

Abbildung 4.20: Blockschaltbild des UMTS-HF-Front-Ends.

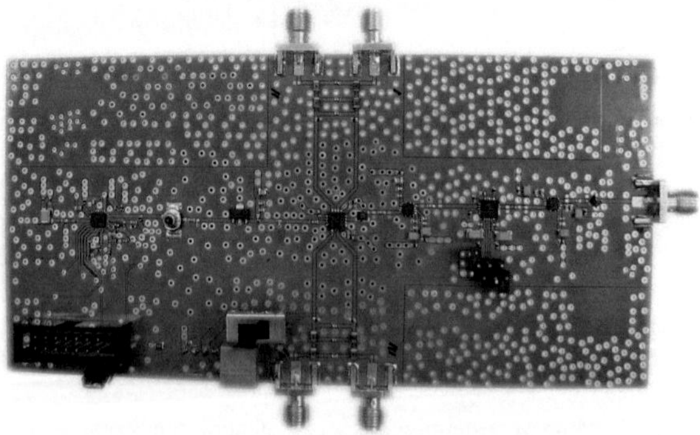

Abbildung 4.21: UMTS-HF-Front-End.

Rekonstruktionsfilter für den I - und den Q-Pfad kommt jeweils ein differentielles passives LC-Tiefpassfilter fünfter Ordnung zum Einsatz. Das Filter wurde mithilfe der Design-Software „Agilent Advanced-Design-System“ und den S-Parameter-Modellen der Firmen Murata (Kapazitäten) und Würth (Induktivitäten) entworfen. In Abbildung 4.22 ist zum einen ein Vergleich zwischen Simulation und Messung der Filter und zum anderen die Mischer-Testplatine, bestückt mit den Filtern, zu sehen. Die Kombination aus PA_1, Dämpfungsglied A und PA_2 liefert eine variable Verstärkung zwischen 8 dB und 39 dB. Damit kann der darauf folgende 20 W-Leistungsverstärker optimal ausgesteuert werden. Auf diese Weise kann die Ausgangsleistung maximiert und gleichzeitig Störungen in anderen Bändern aufgrund von Übersteuerung des PA vermieden werden.

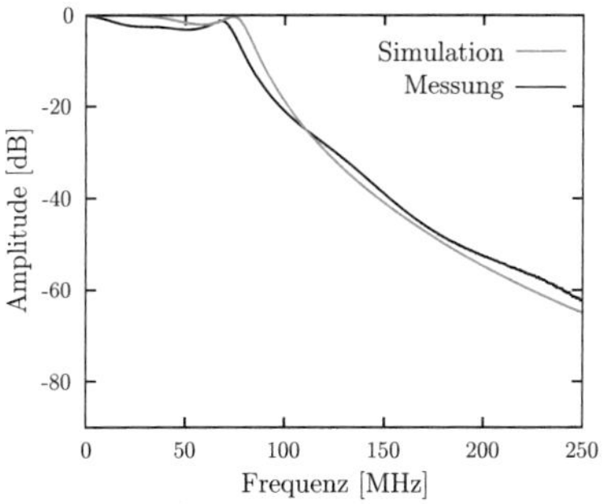

Abbildung 4.22: Vergleich zwischen Simulation und Messung des Tiefpassfilters (l) und Mischer-Testplatine mit Filtern (r).

4.2.4 Messergebnisse

Die Funktionalität des UMTS-Jammers wurde sowohl im Labor als auch im Feldversuch überprüft und bestätigt. Abbildung 4.23 zeigt ein beispielhaftes Störsignal für einen Kanal bei 2120 MHz. Ersichtlich ist zum einen die maximale Ausgangsleistung vor dem PA von -5 dBm und zum anderen eine Unterdrückung von LO und Spiegelfrequenz von 20 dBm beziehungsweise 35 dBm. Der Messaufbau zur Verifikation der selektiven Interferenzeinspeisung aus Kapitel 4.2.1 ist in Abbildung 4.24 zu sehen. Dabei wird ein Rohde & Schwarz CMU200 verwendet, um eine Node B mit den in Tabelle 4.2 gezeigten Werten möglichst realistisch zu emulieren. Das Störsignal wird über einen Leistungskombinierer zusammen mit den Node B-Signalen über den externen Antennenanschluss an ein UE angeschlossen. Das UE bietet die Möglichkeit auf einem angeschlossenen PC alle Meldungen auf Protokollebene mitzuverfolgen. So kann genau gemessen werden, wann das UE die Node B als nicht

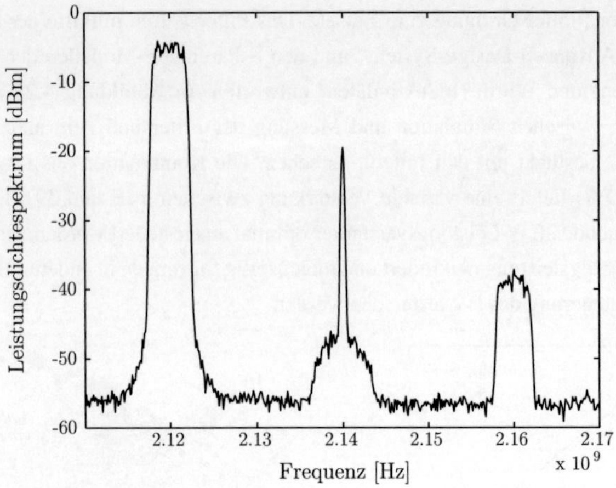

Abbildung 4.23: HF-Störsignal für einen Kanal bei 2120 MHz.

mehr verfügbar erachtet und versucht eine Zellreselektion zu starten. Mehrere Iterationen der Tests wurden durchgeführt. Mit einem $Q_{Qualmin} = -24\,\text{dB}$ war eine mittlere Störsignalleistung von -38 dBm notwendig, um eine Zellreselektionsprozedur im UE auszulösen. Wurde $Q_{Qualmin}$ um 9 dB auf $Q_{Qualmin} = -15\,\text{dB}$ erhöht (vergleiche Kapitel 4.2.1), verringerte sich die mittlere nötige Jammer-Leistung erwartungsgemäß um 9 dB. Die Messung erzeugt also plausible Ergebnisse.

Kanal	Leistung relativ zum Pilotkanal [dB]	Absolute Leistung [dBm]	Tastgrad	Absolute Leistung [nW]
CPICH	0	-58	100%	1,584
PSCH	-3	-61	10%	0.079
SSCH	-5	-63	10%	0.050
PICH	-6	-64	96%	0.382
AICH	-5	-63	1%	0.005
S-CCPCH$_{FACH}$	4	-54	10%	0.398
S-CCPCH$_{PCH}$	4	-54	10%	0.398

Tabelle 4.2: Leistung der einzelnen CMU200-Kanäle für den Labortest.

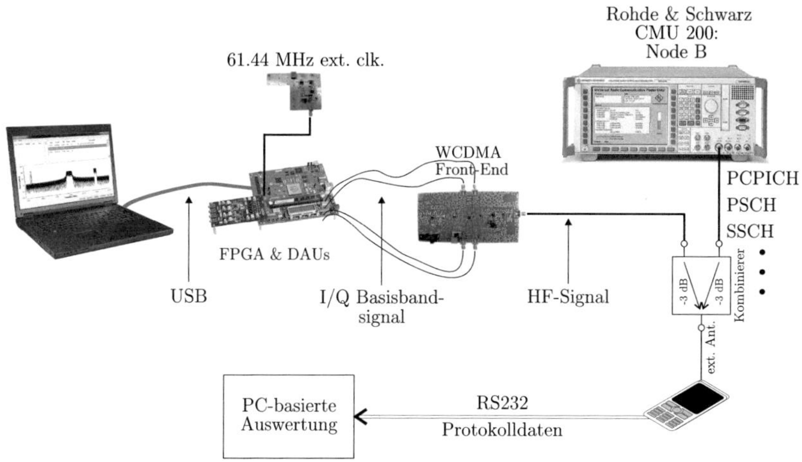

Abbildung 4.24: Messaufbau zur Verifikation der selektiven Interferenzeinspeisung aus Kapitel 4.2.1.

Anhand dieser Messungen kann die in Kapitel 4.2.2.5 theoretisch hergeleitete Formel (4.19) überprüft werden. Dabei entfällt der Term der Nachbarzelleninterferenz P_{nc}. Die Pfadverluste L_B und L_J werden hier durch die Verluste im Kombinierer und in den Kabeln repräsentiert. Da diese Verluste annähernd identisch für Node B und Jammer sind, werden diese nicht berücksichtigt. Wird der geringe Beitrag des thermischen Rauschens N_{th} zusätzlich vernachlässigt, kann (4.19) wie folgt vereinfacht werden:

$$\begin{aligned} P_J &= \frac{1}{Q_{Qualmeas}} \eta P_{NodeB} - P_{sc} \\ &= 10^{2,4} \cdot 1{,}584\,\mathrm{nW} - 2{,}896\,\mathrm{nW} \\ &= 394{,}987\,\mathrm{nW} \mathrel{\widehat{=}} -34\,\mathrm{dBm}. \end{aligned} \tag{4.25}$$

Daraus ergibt sich eine Abweichung von 4 dB gegenüber dem Messergebnis. Allerdings kann nicht nachvollzogen werden, auf welche Weise und wie exakt sowohl der RSSI als auch der RSCP im UE gemessen werden (vergleiche 4.13). Die Implementierung dieser Messungen und das Auslösen der Zellreselektion werden von jedem Hersteller unterschiedlich umgesetzt. Auch ist davon auszugehen, dass die Messwerte ohne Kalibrierung aufgenommen werden. Die Messung zeigte Schwankungen der benötigten Jammerleistung um bis zu 2,5 dB, was als weiteres Indiz für eine recht einfache Implementierung der Messungen im UE gesehen werden kann. Nichtsdestotrotz kann das Verhalten des UE mit der in dieser Arbeit vorgestellten Methodik sehr genau und wiederholbar vorhergesagt werden.

5 Feldstärke-Ortung

5.1 Grundlagen der HF-Leistungsmesstechnik

Im Bereich der HF[1]-Technik ist die Messung der Leistung ein sehr wichtiges Thema. Zur Quantisierung von HF-Signalen wird deren Leistung verwendet, da diese, im Gegensatz zu Strom und Spannung, unabhängig vom Übertragungsmedium ist. In Hohlleitern ist die Messung von Strömen oder Spannungen sogar unmöglich oder nur mit großen Messunsicherheiten verbunden [74].

Die richtungsabhängige Messung der Leistung der gesendeten GSM[2]-Bursts der verschütteten MS[3] stellt die Grundlage der in dieser Arbeit vorgestellten Ortungsmethodik dar. Im Hinblick auf die in Kapitel 5.3.1 vorgestellten hohen Anforderungen an die Dynamik, Empfindlichkeit und Linearität werden alle gängigen Methoden der Leistungsmessung untersucht und bewertet, um schließlich den geeignetsten Ansatz zu finden.

5.1.1 Leistungsmessung mit diskreten Bauelementen

Nachfolgend sollen Konzepte zur Leistungsmessung aufgebaut aus diskreten Bauelementen untersucht werden. Hier kommen vor allem Thermistoren, Thermoelemente und Schottky-Dioden in Frage.

5.1.1.1 Messung mit Thermistoren

Ein Thermistor ist ein Halbleiter mit einem negativen Temperaturkoeffizienten[4]. Dieser wird als Abschlusswiderstand ausgeführt. Dadurch nimmt er die HF-Leistung auf und erwärmt

[1] Hochfrequenz

[2] Globales System für Mobilkommunikation, engl.: Global System for Mobile Communication

[3] Mobilstation GSM, umgangssprachlich: Handy, engl.: Mobile Station

[4] NTC-Widerstand; engl.: negative temperature coefficient

sich entsprechend. Dies führt zu einer Verkleinerung des Gleichstromwiderstandes. Der Thermistor ist Teil einer Gleichstrom-Widerstandsmessbrücke. Bei einer Widerstandsänderung wird der Gleichstrom durch den Thermistor so weit reduziert, bis die Brücke erneut abgeglichen ist. Diese Veränderung des Stroms wird gemessen und stellt ein Maß für die Leistung dar. Die thermische Zeitkonstante liegt bei 30 ms bis 1 s. Deshalb ist der Thermistor nur für die Messung langsamer Leistungsänderungen geeignet. Messfehler können durch einen Temperaturdrift entstehen, wobei dieser durch eine zweite Referenzschaltung ausgeglichen werden kann. Der Messbereich liegt bei etwa -30 dBm bis 10 dBm [75, 76], was zur Messung von GSM-Bursts zu wenig sensitiv ist.

5.1.1.2 Messung mit Thermoelementen

Die Leistungsmessung mittels Thermoelementen basiert auf dem Seebeck-Effekt. Demnach erzeugt ein Thermoelement, das erhitzt wird, eine elektrische Spannung an seinen Anschlüssen. Um nun damit Leistungen zu messen, kann das HF-Signal entweder direkt zwei Thermoelementen zugeführt werden, oder die Temperaturerhöhung wird mittels eines separaten Lastwiderstandes durchgeführt, der thermisch an das Thermoelement gekoppelt ist. Zur Auswertung muss die Gleichspannung gemessen werden. Diese bewegt sich allerdings zwischen weniger als 1 µV und wenigen mV. Eine gute Auflösung ist daher nicht einfach zu realisieren. Die thermische Zeitkonstante liegt bei ungefähr 120 µs und der Messbereich zwischen -30 dBm und 20 dBm. Thermoelemente sind also ebenfalls zu träge, um GSM-Bursts[5] zu messen. Ihre Sensitivität ist ebenfalls zu gering [75, 76].

5.1.1.3 Messung mit Schottky-Dioden

Für Diodendetektoren werden Schottky-Dioden verwendet, welche im Unterschied zu pn-Dioden auf einem Majoritätsträgereffekt beruhen, was sie sehr schnell reagieren lässt. Sie bestehen aus einem Metall-Halbleiter-Übergang und besitzen eine nichtlineare Strom-Spannungs-Kennlinie [76]:

$$i(t) = I_S \left(e^{\frac{u(t)}{U_T}} - 1 \right) \quad \text{,mit} \quad U_T = \frac{nkT}{q}. \tag{5.1}$$

Der Strom und die Spannung an der Diode sind als i(t) und u(t) angegeben. I_S ist der Sättigungssperrstrom und U_T die Temperaturspannung, wobei T die Temperatur in Kelvin, k

[5] Eine begrenzte Anzahl von Schwingungen mit konstanter Dauer

die Boltzmannkonstante, q die Elementarladung und n den Idealitätsfaktor (typisch 1,05 bis 1,15) darstellen.

Der quadratische Anteil der e-funktionsförmigen Kennlinie wird zur Absolutmessung von Leistungen eingesetzt. Durch die Nichtlinearität wird ein sinusförmiges Eingangssignal verzerrt und es entstehen Intermodulationsprodukte. Der Gleichanteil des Ausgangssignals, der aus Intermodulationsprodukten zweiter Ordnung entsteht, wird gemessen und stellt ein Maß für die HF-Leistung dar. Die Leistung ist proportional zum Spannungsquadrat an einem definierten Widerstand. Dieser Zusammenhang wird hier genutzt [75, 76].

In Abbildung 5.1 ist das Schaltbild eines Diodendetektors dargestellt, wie er meistens Verwendung findet. Der Widerstand R dient zur Zwangsanpassung, wenn die Schaltung breitbandig genutzt werden soll [75,76]. Diodendetektoren können Leistungen zwischen -70 dBm

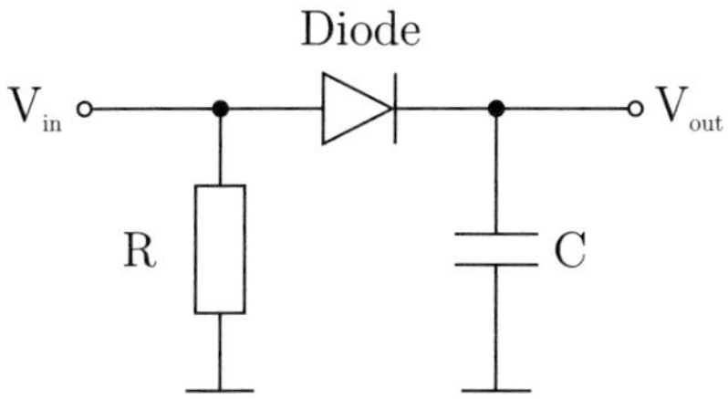

Abbildung 5.1: Diodendetektor.

und -20 dBm messen. Bei der Messung von kleinen Leistungen kann nur der Kennlinienteil um den Nullpunkt verwendet werden, da ein Diodenvorstrom das Rauschen und den Temperaturdrift vergrößert. Bei einer Leistung von -70 dBm liegt die Ausgangsspannung bei nur 50 nV. Es wäre also eine sehr hohe ADU[6]-Auflösung nötig. Der Temperaturgang von Detektordioden ist nichtlinear und abhängig vom Lastwiderstand und vom HF-Pegel [75, 76].

5.2 Aufbau und Funktionsweise monolithischer Detektoren

Neben den erwähnten Konzepten, die aus diskreten Bauteilen aufgebaut werden müssen, gibt es viele IC[7], die, meistens auch temperaturkompensiert, die Leistung eines Signals

[6] Analog-Digital-Umsetzer

[7] Integrierte Schaltung, engl.: Integrated Circuit

messen können. Die Funktionsweise dieser HF-Detektoren soll im Folgenden erläutert werden.

5.2.1 Logarithmische Verstärker

Monolithische Detektorbausteine, die zur Leistungsmessung von Funksignalen dienen, sind im eigentlichen Sinne logarithmische Verstärker. Diese haben eine logarithmische Kennlinie und verstärken Eingangssignale mit kleinen Amplituden stärker als große Eingangspegel. Dadurch wird ein breitbandiges Eingangssignal auf sein Äquivalent in Dezibel komprimiert [77]:

$$V_{out} = V_y \log_{10}\left(\frac{V_{in}}{V_x}\right). \tag{5.2}$$

V_{out} ist die Ausgangsspannung, V_y die Steigung. Da die Basis des verwendeten Logarithmus 10 ist, wird V_y als Spannung in Volt pro Dekade angegeben. Ist dagegen nur von der Spannung in Volt die Rede, wird $\widetilde{V}_y$ verwendet. V_{in} ist die Eingangsspannung und V_x die Intercept-Spannung, bei der die Kurve der Ausgangsspannung theoretisch die x-Achse schneidet. In

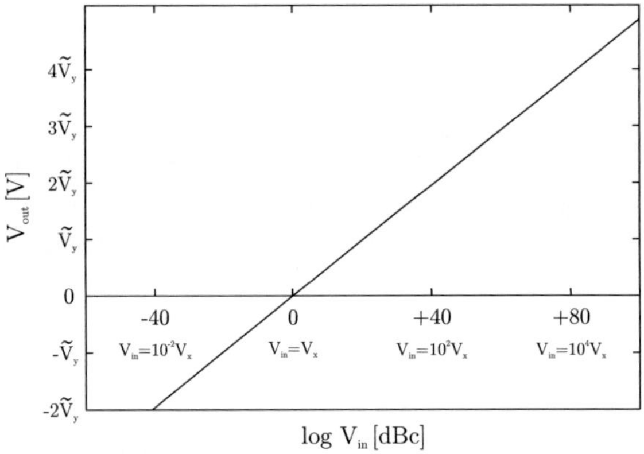

Abbildung 5.2: Kennlinie eines idealen logarithmischen Verstärkers.

Abbildung 5.2 zeigt die durchgehende Linie den Verlauf der idealen Übertragungskennlinie eines logarithmischen Detektors. Bei einem logarithmischen Verstärker hängt die Verstärkung von der aktuellen Amplitude des Eingangssignals ab. Dies ist aus der Ableitung nach V_{in} ersichtlich (5.3). Für einen Logarithmus mit der Basis δ gilt [77]:

$$\frac{\delta V_{out}}{\delta V_{in}} = \frac{\widetilde{V}_y}{V_{in}}. \tag{5.3}$$

Somit ist die Verstärkung umgekehrt proportional zur Eingangsspannung. Dabei ist die Basis des Logarithmus zwar nicht entscheidend, es ist aber sinnvoll 10 zu wählen, da hierdurch eine direkte Ausgabe in Dezibel ermöglicht wird.

Aus (5.3) folgt auch, dass ein idealer logarithmischer Verstärker bei einem gegen null gehenden Eingangssignal eine Verstärkung gegen unendlich aufweisen muss. Folglich wird für eine genaue Detektion von kleinen Signalen ein großes GBW[8] benötigt. Im Gegenzug bedeutet dies aber auch, dass selbst dann ein Ausgangssignal ungleich null erzeugt wird, wenn kein Eingangssignal anliegt, da thermisches Rauschen überproportional verstärkt wird. Das ist in Abbildung 5.3 der Grund für die Abweichung der realen Kennlinie von der idealen Kennlinie. Diese Abflachung der Geraden kann sowohl über als auch unter dem Intercept-Punkt liegen. Der Schnittpunkt ist deshalb meistens extrapoliert, da die Detektoren in der Regel keine negative Spannung ausgeben können [77].

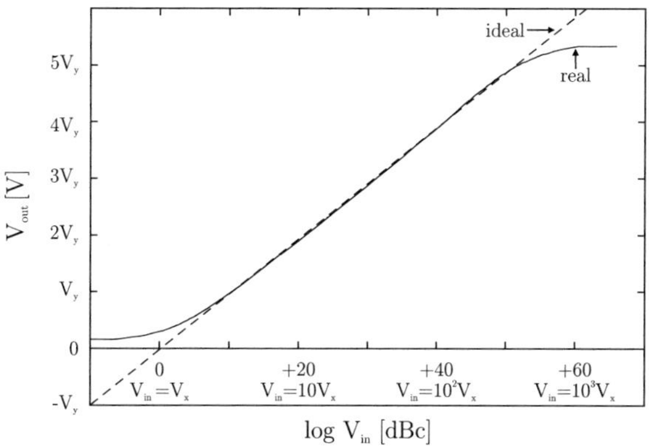

Abbildung 5.3: Kennlinie eines realen logarithmischen Verstärkers.

Vereinfacht, mit direktem Bezug auf Leistungen, kann (5.2) auch folgendermaßen ausgedrückt werden [77]:

$$V_{out} = V_{slope}(P_{in} - P_0). \tag{5.4}$$

V_{out} entspricht dem gefilterten und demodulierten Basisbandsignal, V_{slope} ist die logarithmische Steigung in Volt pro Dezibel. P_{in} ist die Eingangsleistung und P_0 der Schnittpunkt mit der x-Achse, wobei beide in Dezibel in Bezug auf dieselbe Referenzleistung angegeben werden.

[8] Verstärkungs-Bandbreite-Produkt, engl.: Gain Bandwidth Product

5.2.2 Schrittweise Kompression

Um das hohe GBW bei Detektoren mit großem Dynamikbereich zu erzeugen, werden mehrere nichtlineare Verstärkerstufen hintereinander geschaltet (Abbildung 5.4). Diese erzeugen zusammen eine stückweise lineare Funktion. Durch diese Kaskadierung können sehr große GBWs erreicht werden. So besteht zum Beispiel der Detektor AD8307 von Analog Devices aus sechs Stufen mit jeweils einer Vestärkung von 5,2 (14,3 dB) und einer Bandbreite von 900 MHz. Dies führt zu einer Gesamtverstärkung von circa 20 000 (86 dB) und mit einer Gesamtbandbreite der Kette von 500 MHz zu einem GBW von 10 THz. Das ist ein Vielfaches dessen, was ein normaler Operationsverstärker leistet [77]. Zunächst sei die Verwendung

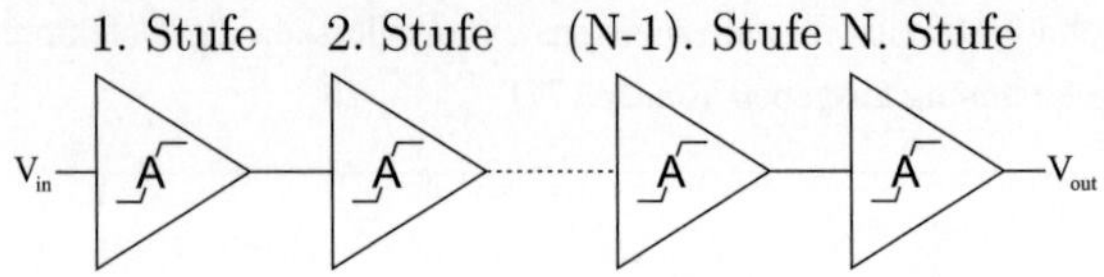

Abbildung 5.4: Kaskade von nichtlinearen Verstärkern.

einer A/1-Verstärkerzelle angenommen, deren Kennlinie Abbildung 5.5 zeigt. Die Kleinsignalverstärkung $\Delta V_{out}/\Delta V_{in}$ ist A. Dies gilt für alle Eingangssignale bis zur Kniespannung E_K. Darüber beträgt die inkrementelle Verstärkung 1. Die gesamte Funktion ist punktsymmetrisch, weshalb die Verstärkung für Eingangswerte $-E_K \leq V_{in} \leq +E_K$ gleich A ist und außerhalb des Bereichs unmittelbar auf 1 sinkt [77]. N dieser A/1-Verstärkerzellen seien

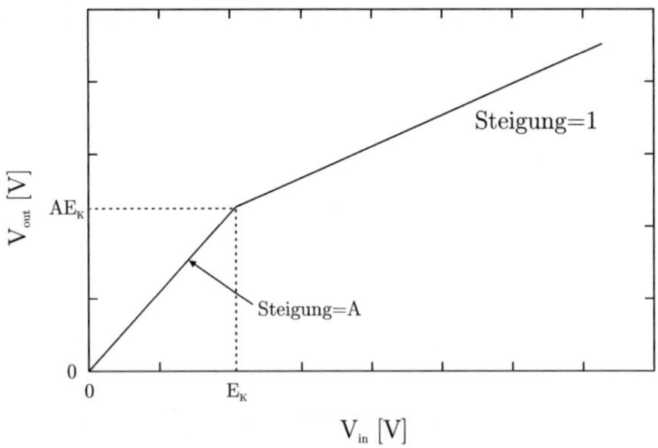

Abbildung 5.5: A/1 Verstärkerkennlinie.

nun in Serie verschaltet, wie in Abbildung 5.4 zu sehen. Für kleine Eingangssignale ist die Gesamtverstärkung gleich A^N. Sechs Stufen mit A = 5 (14 dB) erzeugen beispielsweise eine Verstärkung von 15 625 (84 dB).

Als nächstes wird das nichtlineare Verhalten der Reihenschaltung aus Abbildung 5.4 analysiert, indem eine Gleichspannung als Eingangssignal V_{in} angenommen wird. Für kleine Werte entspricht der Ausgang der ersten Stufe $V_1 = AV_{in}$. Die zweite Stufe gibt $V_2 = A^2V_{in}$ aus und dann entsprechend die N. Stufe $V_N = A^N V_{in}$. In diesem Fall arbeiten die N Stufen zusammen als ein linearer Verstärker. Steigt aber die Eingangsspannung auf $V_{in} = E_K/A^{N-1}$, liegt an der N. Stufe die Spannung E_K an, was der Kniespannung der Zelle entspricht. Bei dieser Spannung findet der Übergang vom linearen zum logarithmischen Betrieb der Gesamtschaltung statt. Für größere V_{in} approximiert die Kennlinie in Abbildung 5.6 stückweise eine logarithmische Funktion (gestrichelte Gerade). Aus der Abbildung ist ersichtlich, dass sich für jede Zunahme der Eingangsspannung um den Faktor A die Ausgangsspannung um $(A-1)E_K$ erhöht. Dies geschieht solange, bis auch die Spannung an der ersten Zelle die Kniespannung E_K erreicht [77]. Für die Steigung V_y ergibt sich daraus:

$$V_y = \frac{(A-1)E_K}{\log_{10}A}. \tag{5.5}$$

Somit beeinflussen nur die Zellenverstärkung A und die Kniespannung E_K den Wert von V_y.

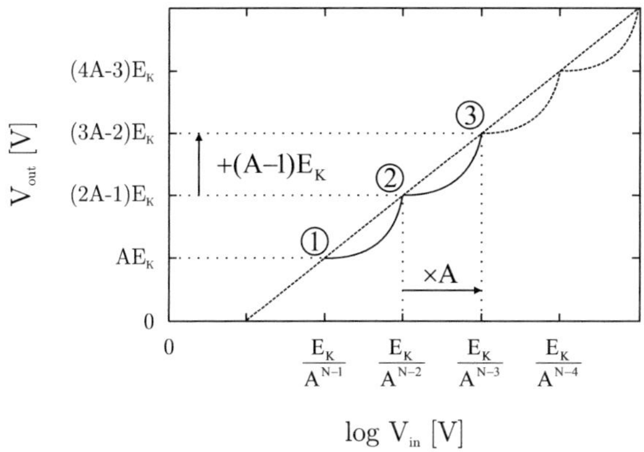

Abbildung 5.6: Übergänge zwischen linearer und logarithmischer Kennlinie [77].

Die Anzahl N der Zellen ändert nichts am Anstieg.

Die Intercept-Spannung der Serienschaltung kann mittels der angenäherten Kennlinie aus Abbildung 5.6 bestimmt werden. Diese ergibt sich zu [77]:

$$V_x = \frac{E_K}{A^{\frac{N+1}{A-1}}}. \tag{5.6}$$

Bei der Betrachtung dieses Wertes muss beachtet werden, dass die Ausgangsspannung nur dann null werden kann, wenn auch die Eingangsspannung gleich null ist und dass dies ein extrapolierter Wert ist. Dies beruht auf der Reihenschaltung der Verstärker. Unterhalb des Punktes ① in Abbildung 5.6 wechselt die Verstärkung in den linearen Bereich und folgt nicht länger der logarithmischen Linienform [77].

5.2.3 Demodulierende logarithmische Verstärker

Nun sei eine A/0-Verstärkerzelle betrachtet, deren Verstärkung über der Kniespannung auf null fällt. Dies ist aus Abbildung 5.7 ersichtlich und wird auch als Limiterfunktion (Begrenzungsfunktion) bezeichnet [77]. Diese spezielle Art von Zelle wird in den meisten logarithmischen Verstärkern verwendet.

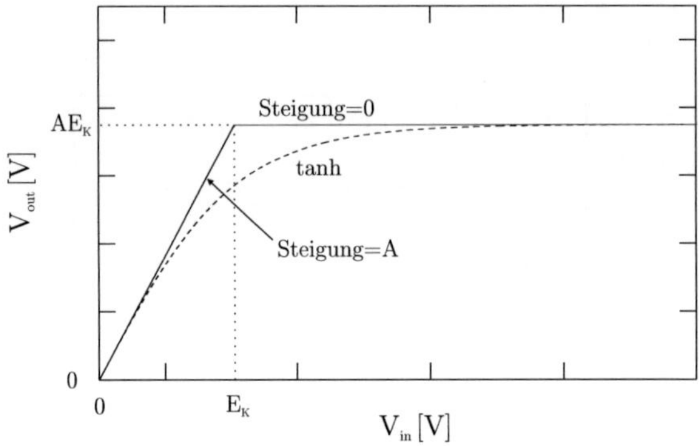

Abbildung 5.7: A/0 Verstärkerkennlinie.

Um ein logarithmisches Ausgangssignal mit den A/0-Verstärkern zu erzeugen, werden die Ausgänge der einzelnen Zellen addiert. Die Intercept-Spannung V_x dieser Schaltung entspricht der aus (5.6). Für die Steigung gilt allerdings abweichend [77]:

$$V_y = \frac{AE_K}{\log_{10} A}. \tag{5.7}$$

Der Vorteil dieser A/0-Zellen gegenüber den A/1-Varianten liegt in der einfachen Realisierung. Als Beispiel sei hier der Detektor AD8307 von Analog Devices genannt. Dessen logarithmische Verstärker bestehen aus einem bipolaren Differenzverstärker mit resistiver Last R_L und einer Emitter-Stromquelle mit I_E. Daraus ergibt sich für den AD8307 eine Kniespannung von $E_K = 2kT/q$ und eine Kleinsignalverstärkung von $A = I_E R_L / E_K$. Die Großsignal-Übertragungsfunktion entspricht dem Tangens-Hyperbolicus (gestrichelte Linie in Abbildung 5.7). Die Abweichung des tanh von der A/0-Funktion durch das abgerundete Eck reduziert die Welligkeit und verbessert dadurch die Übereinstimmung mit der logarithmischen Kennlinie [77].

Am Ausgang jeder Verstärkerzelle ist, wie in Abbildung 5.8 zu sehen ist, ein Transkonduktanzverstärker (g_m) angeschlossen, der die Ausgangsspannung in einen Strom wandelt. Diese Stufen übernehmen auch das Gleichrichten der Signale. Bei Eingangssignalen, die das Vorzeichen wechseln, soll trotzdem immer eine positive Leistung angezeigt werden. Der Summenstrom wird anschließend mittels eines Transimpedanzverstärkers (r_m) wieder in eine Spannung umgesetzt [78].

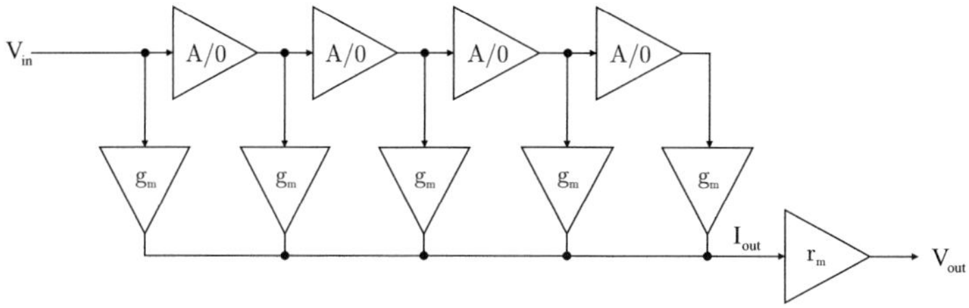

Abbildung 5.8: Logarithmischer Verstärker aus A/0-Zellen und Summiergliedern.

5.2.4 Temperaturkompensation

Um eine temperaturunabhängige Steigung zu erhalten, wird der Arbeitspunkt der Detektoren mit einem über weite Temperaturbereiche stabilen Strom eingestellt. Dazu wird in der Regel eine Bandgap-Referenz [79] verwendet.

Die Intercept-Spannung der Detektorschaltung aus Abbildung 5.8 entspricht aufgrund der Addition der Ströme nicht dem Wert aus (5.6). Dieser ist jedoch noch proportional zu E_K und weist damit ein PTAT[9]-Verhalten auf. Um diese Abhängigkeit auszugleichen, kann ein

[9]Proportional zur absoluten Temperatur, engl.: Proportional To Absolute Temperature

zusätzlicher Strom, der umgekehrt proportional zur Temperatur ist, der Transimpedanz zugeführt werden. Alternativ kann auch bei großen Eingangssignalen ein Dämpfungsglied vor den Detektor geschaltet werden, das die nötige Temperaturabhängigkeit besitzt und proportional dazu die Eingangsspannung verändert. Dies führt, bei erneuter Betrachtung von (5.2), zu einer Aufhebung der Temperaturabhängigkeit [77, 78].

5.3 Der Feldstärkesensor

Im nächsten Abschnitt wird der Entwurf und der Aufbau einer auf die Feldstärkeortung von Mobiltelefonen im 900 MHz - Band optimierten Sensoreinheit erläutert. Sowohl die Anforderungen an einen solchen Sensor als auch der Entwurf, die Realisierung in Hardware und die messtechnische Charakterisierung werden dabei genauer betrachtet. Anschließend wird anhand von Erfahrungen im Feldtest die Praxistauglichkeit bewertet.

5.3.1 Anforderungen

Um die Anforderungen einer solchen Sensoreinheit besonders im Hinblick auf die nötige Mindestdynamik festzulegen, wurde ein Standardszenario entwickelt. Die Schadenslage soll eine Fläche von $100\,\mathrm{m} \times 100\,\mathrm{m}$ betragen. Da aber das Rettungspersonal das Trümmerfeld betreten kann (zum Beispiel auch über Seile aus der Luft) wird die maximale Entfernung des Sensors von der MS zu $d = 10\,\mathrm{m}$ festgelegt. Die Sendeleistung einer MS wird, wie bereits in Kapitel 3.1.4.1 erläutert, auf die maximale Leistung von $P = 33\,\mathrm{dBm}$ beziehungsweise 2 W eingestellt. Die Standard-Frequenz wird etwa in die Mitte des GSM900 - Uplink - Bandes auf 900 MHz gesetzt. Die Wellenlänge λ beträgt dann 0.333 m. Der Antennengewinn G_S der MS sollte keine große Richtcharakteristik aufweisen. Da zudem nicht auf Herstellerspezifika Rücksicht genommen werden kann, wird $G_S = 1$ gesetzt. Die Antenne der MS wird also als isotroper Kugelstrahler modeliert. Als Empfangsantenne wird die Richtantenne HE300 der Firma Rohde & Schwarz verwendet. Diese bietet einen Antennengewinn G_E von 17 dBi (Faktor 50,1) und die in Abbildung 5.9 gezeigte Antennencharakteristik.

Mithilfe der Friis-Gleichung, die auch Freiraumformel genannt wird, lässt sich die Empfangsleistung P_E in Abhängigkeit von der Entfernung d berechnen [80]:

$$P_E = P_S \left(\frac{\lambda}{4\pi d} \right)^2 G_S G_E \tag{5.8}$$

P_S stellt dabei die Sendeleistung, λ die Wellenlänge und G_S beziehungsweise G_E jeweils den sender- beziehungsweise empfängerseitigen Antennengewinn dar. Das Übertragungsdämpfungsmaß in dB lässt sich dann anhand folgender Formel errechnen [80]:

$$L[dB] = -10 \log_{10} \left(\frac{P_E}{P_S} \right) \tag{5.9}$$

Für die empfangene Leistung ergibt sich demnach:

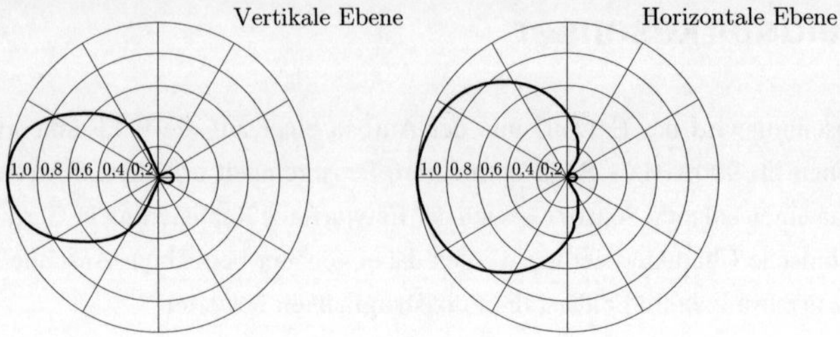

Abbildung 5.9: Antennencharakteristik R & S HE300 (500-7500 MHz).

$$P_E = 2\,\mathrm{W}\left(\frac{0{,}333\,\mathrm{m}}{4\pi 10\,\mathrm{m}}\right)^2 \cdot 50{,}1 = 704\,\mu\mathrm{W} \mathrel{\hat{=}} -1{,}5\,\mathrm{dBm} \tag{5.10}$$

und nach (5.9) eine Freiraumdämpfung von 34,5 dB.

Zusätzlich zur Freiraumdämpfung muss eine Abschätzung der Verluste durch die Trümmer entwickelt werden. Natürlich kann kein Modell für jede Schadenslage angegeben werden. Im Folgenden soll als Standardszenario eine Person unter einem zweistöckigen Gebäude eingeschlossen worden sein. In diesem Fall liegen unter anderem Mauerblöcke, Dachziegel, zwei Deckenplatten und die Dachsparren über der Person. Bei der folgenden Berechnung werden weitere Materialien und Gegenstände im Gebäude, wie beispielsweise Möbel, nicht bedacht, da sie nur vereinzelt vorkommen. In Tabelle 5.1 sind die Dämpfungswerte einiger Materialien bei 900 MHz aufgeführt. Die jeweiligen Dicken sind in Klammern angegeben. Zukünftig kann hier auf ein eigens für Trümmerstrukturen entwickeltes Kanalmodell zurückgegriffen werden, welches ebenfalls im Projekt I-LOV entwickelt wird [81–83]. Für die Deckenplatten wird jeweils der Wert des 30,5 cm dicken Betons angenommen. Da die Baumaterialien nach einem Einsturz nicht gestapelt übereinander liegen, gibt es auch Hohlräume und Spalte. Deshalb werden für die Mauern einmalig der Dämpfungswert der 40,6 cm breiten Mauerblöcke, für die Dachziegel 26,7 cm dicke Ziegelsteine und für die Dachsparren zweimal Holz mit 7,6 cm Dicke verwendet. Daraus resultiert für den Bauschutt alleine eine Dämpfung von

$$2 \cdot 35\,\mathrm{dB} + 17\,\mathrm{dB} + 7\,\mathrm{dB} + 2 \cdot 2{,}8\,\mathrm{dB} = 99{,}6\,\mathrm{dB}. \tag{5.11}$$

Zusammen mit der Freiraumdämpfung ergibt sich das Gesamtübertragungsdämpfungsmaß zu 134,1 dB. Es ist zu beachten, dass dies die Dämpfung bis hinter die Empfangsantenne darstellt beziehungsweise bis zum Eingang der Messschaltung. Berücksichtigt man die Sendeleistung von 33 dBm der MS kann nun eine benötigte Sensitivität des Sensors von

Material (Dicke)	Dämpfung bei 900 MHz
Glas (0,6 cm)	0,8 dB
Glas (1,3 cm)	2 dB
Holz (7,6 cm)	2,8 dB
Ziegelstein (8,9 cm)	3,5 dB
Ziegelstein (17,8 cm)	5 dB
Ziegelstein (26,7 cm)	7 dB
Beton (10,2 cm)	12 dB
Mauerblock (20,3 cm)	12 dB
Steinverkleideter Beton (19,2 cm)	14 dB
Mauerblock (40,6 cm)	17 dB
Beton (20,3 cm)	23 dB
Stahlbeton (20,3 cm)	27 dB
Mauerblock (61 cm)	28 dB
Beton (30,5 cm)	35 dB

Tabelle 5.1: Dämpfungswerte verschiedener Materialien bei 900 MHz [84].

$-134{,}1\,\mathrm{dB} + 33\,\mathrm{dBm} = -101{,}1\,\mathrm{dBm}$ ermittelt werden. Geht man weiterhin von einer maximalen Empfangsleistung von 5 dBm aus, berechnet sich der notwendige Dynamikbereich zu 106,1 dB. Allerdings sind 5 dBm als maximale Eingangsleistung vorsichtig geschätzt. Nachträgliche Messungen im Labor zeigen eher einen Wert von -5 dBm bis 0 dBm. Und dies auch nur, wenn die MS direkt vor der Antenne liegt. Durch eine höhere Annahme der maximalen Eingangsleistung wird allerdings sichergestellt, dass keine Bauteile im Empfangszweig beschädigt werden.

Außer dem großen Dynamikbereich und der hohen Sensitivität gilt es noch folgende Anforderungen zu berücksichtigen:

- Alle 174 200 kHz-breiten E-GSM-Uplink-Kanäle zwischen 880 MHz und 915 MHz müssen einzeln gemessen werden können.
- Der Sensor sollte klein, handlich und leicht sein.
- Die Akku-Leistung sollte einen möglichst langen Betrieb ermöglichen.
- Das Gehäuse sollte witterungsunempfindlich und stabil sein.
- Die Antenne sollte eine ausgeprägte Richtcharakteristik aufweisen (siehe Abbildung 5.9).

5.3.2 Aufbau

Unter Berücksichtigung aller genannten Voraussetzungen wurde das in Abbildung 5.10 gezeigte System entwickelt. Im Folgenden sollen die einzelnen Komponenten vorgestellt und ihre Realisierung erläutert werden.

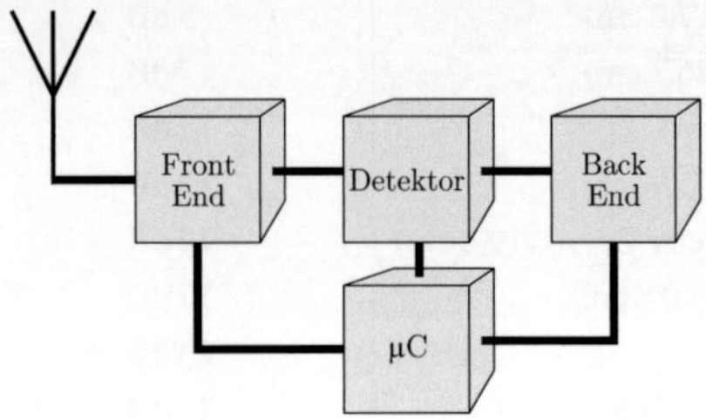

Abbildung 5.10: Grundlegende Architektur des Feldstärkesensors.

5.3.2.1 Front-End

Abbildung 5.11 zeigt die einzelnen Komponenten des Front-Ends im Detail. Die Richtantenne ist, wie in Kapitel 5.3.1 angegeben, die R & S HE300. Auf Seite 102 ist deren Antennencharakteristik abgebildet. Die Signalkette startet nach der Richtantenne mit dem

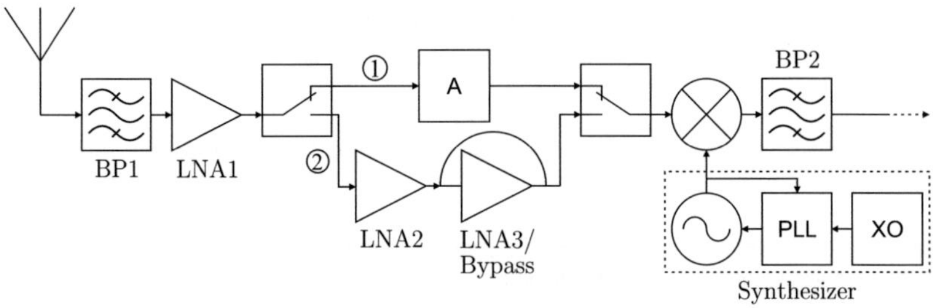

Abbildung 5.11: Schematische Darstellung des Frontends.

Bandpassfilter BP1. Es besteht aus einer Kaskade von zwei SAW[10] - Filtern mit exakt der Bandbreite des GSM900-Uplink-Bandes. Es kann theoretisch passieren, dass auf Kanal 975

[10]Akustische Oberflächenwelle, engl.: Surface Acoustic Wave

(925,2 MHz) eine BTS[11] sendet, die dann durch das I-LOV[12]-Jammersystem gestört werden muss. Dabei befindet sich der Jammer im Allgemeinen deutlich näher am Feldstärkesensor als die zu störende BTS. Bei einem starken BCCH[13] würde auch das dazugehörige Jammersignal stark sein. Um sogenanntes Blocking (Desensibilisierung des Systems durch einen starken Störer) zu verhindern, wird unter Verwendung der Kaskade eine Dämpfung von 34 dB in einem Abstand von 10 MHz, also dem ersten UL[14]-Kanal, erreicht. Das Filter BP1 verursacht eine Einfügedämpfung von 3,8 dB, was die resultierende Rauschzahl dominiert. Dennoch ist BP1 notwendig, um besagte Blockingszenarien zu vermeiden.

LNA[15] 1 liefert eine Verstärkung von 18 dB bei einer Rauschzahl von nur 0.37 dB und einem IIP3[16] von 37 dB bei 900 MHz.

Da das Leistungsmessgerät einen sehr großen Dynamikbereich abdecken muss und selbst monolithische Detektoren keinen so großen Leistungsumfang verarbeiten können, muss der Signalpegel des Eingangssignals über einen gewissen Bereich verändert werden können. Ein einziger starker Verstärker kann allerdings nicht verwendet werden, da dies zum einen den Dynamikbereich nicht verändert, sondern ihn nur verschiebt und zum anderen zu einer Zerstörung der nachfolgenden Bauteile führen kann. Viele Komponenten weisen eine maximale Eingangsleistung von 15 dBm oder 20 dBm auf. Nach dem LNA1 teilt sich der Signalpfad deshalb in zwei beziehungsweise drei verschiedene Pfade auf. Die Rauschzahl des jeweiligen Pfades kann mit der Friis-Formel abgeschätzt werden [85]:

$$F_{ges} = F_1 + \frac{F_2 - 1}{G_1} + \frac{F_3 - 1}{G_1 G_2} + \cdots + \frac{F_N - 1}{G_1 G_2 \cdots G_{N-1}} \tag{5.12}$$

Die Grafik 5.12 zeigt vereinfacht, wie mittels der Pfadumschaltung der Detektionsbereich erweitert werden kann. Die Leistungen, die von der Detektorschleife gemessen werden können, sind im Detektionsbereich zusammengefasst. Die Grenzen sind mit den Werten x und y bezeichnet. Diese werden im Kapitel 5.3.2.2 genauer bestimmt und festgelegt. Die Werte u und w in Abbildung 5.12 grenzen den geforderten Dynamikbereich des Messgerätes ein. A_1 stellt die minimale Dämpfung dar, die nötig ist, um die maximale Eingangsleistung w auf den größtmöglich detektierbaren Wert y zu senken. G_1 wiederum entspricht der mindestens geforderten Verstärkung, um kleinste Eingangssignale auf den Detektionsbereich

[11] GSM-Mobilfunk-Basisstation, engl.: Base Transceiver Station

[12] Intelligentes sicherndes Lokalisierungssystem für die Rettung und Bergung von Verschütteten

[13] Downlink-GSM-Kanal, der dem Endgerät Informationen über die aussendende Zelle liefert, engl.: Broadcast Control Channel

[14] Datenübertragung vom Endgerät zum Kommunikationsnetz, engl.: Uplink

[15] Rauscharmer Verstärker, engl.: Low Noise Amplifier

[16] Maß für die Nichtlinearität von Übertragungsgliedern, engl.: Third Order Input Intercept Point

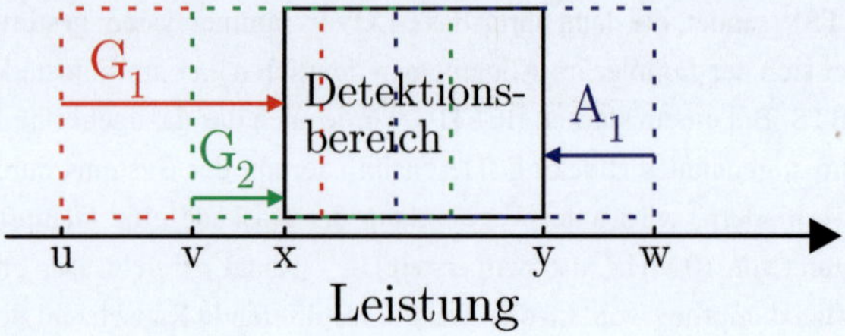

Abbildung 5.12: Schematische Darstellung der Erweiterung des Detektionsbereichs.

abzubilden. Da allerdings in diesem Beispiel die Überschneidung der zwei Detektionsbereiche, also dem Eigentlichen der Detektorschleife (schwarz) und dem Erweiterten durch einen Verstärker mit G_1 (rot gestrichelt), sehr klein ist, wird eine weitere Stufe mit einer geringeren Verstärkung G_2 hinzugefügt. Dies ist vorteilhaft, da in der Regel die Messgenauigkeit der Detektoren im mittleren Bereich etwas höher ist. Dies ist vor allem auf die größere Linearität in diesem Bereich zurückzuführen (siehe auch Abbildung 5.14).

Die Pfadumschaltung ermöglicht eine schrittweise Erhöhung der Verstärkung:

- Pfad ① ist für Signale größer als -30 dBm bestimmt. Hier ist das SNR[17] hoch und es ist eher wichtig, zu verhindern, dass ein Signal den Detektionsbereich (in positiver Richtung) verlässt oder auch der IIP3 eines nachfolgenden Bauteils (zum Beispiel des Mischers) erreicht wird. Deshalb beinhaltet Pfad ① ein zusätzliches Dämpfungsglied. Eine Dämpfung von 7 dB hat sich bewährt. Nach LNA1 ein Dämpfungsglied zu schalten, ist mit der Friis-Formel (Gleichung 5.12) und dem Umstand zu begründen, dass keine rauscharmen Verstärker mit einer geringeren Verstärkung und einer ähnlich niedrigen Rauschzahl erhältlich sind. Die verwendete Reihenschaltung erzeugt ein geringeres Rauschen als ein kommerziell erhältlicher Verstärker mit etwas geringerer Verstärkung.
- Pfad ② muss alle Signale zwischen dem thermischen Rauschteppich (dieser liegt bei Raumtemperatur und 200 kHz Bandbreite bei -121 dBm) und -30 dBm verarbeiten. Daher wird ein zweiter LNA in die Signalkette eingefügt, der weitere 18 dB Verstärkung beisteuert. Diese Einstellung wird für Eingangsleistungen zwischen -65 dBm und -30,1 dBm verwendet. Für den letzten Sektor (-121 dBm bis -65,1 dBm) kann ein dritter LNA hinzugeschaltet werden. LNA3 liefert im eingeschalteten Zustand eine

[17] Signal- zu Rauschleistungs-Verhältnis, engl.: Signal to Noise Ratio

Verstärkung von 19,9 dB bei einer Rauschzahl von 0,7. Im Überbrückungsmodus erzeugt LNA3 eine Dämpfung von 2 dB.

Die Aufgabe des Handgerätes ist es, die empfangene Leistung einer sendenden MS zu messen. Dazu muss aus dem gesamten E-GSM 900-Frequenzbereich der Kanal herausgefiltert werden, auf dem das Mobiltelefon sendet. Dies erfordert ein sehr steilflankiges und schmalbandiges Filter. Für hohe Frequenzen ist dies nur schwer realisierbar. Deshalb kann kein variables Filter verwendet werden, um den Kanal zu selektieren, da diese bei 900 MHz keine ausreichende Güte aufweisen.

Aus diesem Grund werden die E-GSM 900-Frequenzen mittels eines Mischers heruntergesetzt und anschließend auf der niedrigeren ZF[18] gefiltert. Es werden 133,2 MHz als ZF gewählt, da hierfür bereits ein GSM-Kanalfilter mit einer 3 dB-Bandbreite von 400 kHz kommerziell erhältlich ist (EPCOS B4926) und die Detektorschleife bei dieser Frequenz einen großen Dynamikbereich und eine hohe Empfindlichkeit aufweist. Durch die Bandbreite von 400 kHz werden auch die in GSM erlaubten Nebenkeulen in 100 kHz Abstand zum Träger erfasst, was zu einer Erhöhung der messbaren Leistung führt. Somit können noch schwächere Kanäle geortet werden.

Mit der Zwischenfrequenz kann nun auch der nötige Lokaloszillator-Frequenzbereich berechnet werden. Es sind 174 Frequenzen erforderlich, da die einzelnen E-GSM 900-Kanäle auf eine feste Frequenz heruntergemischt werden müssen. Für die beiden äußersten Frequenzen ergibt sich:

$$\begin{aligned} 880{,}2\,\mathrm{MHz} - 133{,}2\,\mathrm{MHz} &= 747\,\mathrm{MHz} \\ 914{,}8\,\mathrm{MHz} - 133{,}2\,\mathrm{MHz} &= 781{,}6\,\mathrm{MHz} \end{aligned} \tag{5.13}$$

Zur Erzeugung der Lokaloszillatorfrequenz für den Mischer wird ein Synthesizer verwendet. Dieser besteht aus einem VCO[19] und einer PLL[20]. Als äußere Beschaltung müssen lediglich das Schleifenfilter und ein Referenzoszillator angeschlossen werden. Auf diese Weise können die Frequenzen von 746 MHz bis 781,6 MHz variabel erzeugt werden. Dies ist in 200 kHz-Schritten nötig, da dies dem Kanalabstand von E-GSM 900 entspricht. Die Einschwingzeit des Synthesizers beträgt circa 100 µs und ist damit viel kürzer als ein TDMA[21]-Rahmen von 4,615 ms. Daher wäre es mit dieser Hardware auch mit nur einem Lokaloszillator möglich, die Leistungsmessung bei Verwendung des Frequenzsprungverfahrens zu implementieren. Diese Möglichkeit soll offen gehalten werden.

[18]Zwischenfrequenz

[19]Spannungsgesteuerter Oszillator, engl.: Voltage Controlled Oscillator

[20]Phasenregelschleife, engl.: Phase-locked loop

Das Bandpassfilter BP2 weist eine Mittenfrequenz von 133,2 MHz und eine Bandbreite von 400 kHz auf. So kann die komplette Leistung eines Bursts gemessen werden, denn auch in den beiden benachbarten Kanälen eines GSM-Kanals befinden sich noch Anteile der übertragenen Leistung. Da die Signale auf dem PCB[22] einpolig geführt werden, das Filter aber differenzielle Signale benötigt, muss am Ein- und Ausgang jeweils mit einem Balun transformiert werden. Die gesamte Schaltung verursacht dadurch eine Einfügedämpfung von 8 dB. Dies fällt nach (5.12) bei der Berechnung der Rauschzahl nicht besonders ins Gewicht. Bei einer Neukonstruktion sollten Signale dennoch möglichst differenziell geführt werden. Dies hilft zusätzlich Störeinflüsse zu verringern, da sich Störungen, die sich auf beide Signalpfade auswirken, gegenseitig eliminieren.

5.3.2.2 Detektorschleife

Die Aufgabe der Detektorschleife ist die Erzeugung einer Gleichspannung, die über einen möglichst großen Dynamikbereich proportional zur Eingangsleistung in dB ist. Ihr Schema ist in Abbildung 5.13 dargestellt. Die eigentliche Umsetzung führt der Detektor aus. Der VGA[23] dient zur Erweiterung des Dynamikbereichs. Dazu wird der Verstärker über eine Rückkopplung durch eine Spannung gesteuert, die umgekehrt proportional zu der Ausgangsspannung des Detektors ist. Die nötige Anpassung dieser Spannung übernimmt ein Subtrahierer. Der verwendete Detektor (ADL5513, Analog Devices) funktioniert nach dem

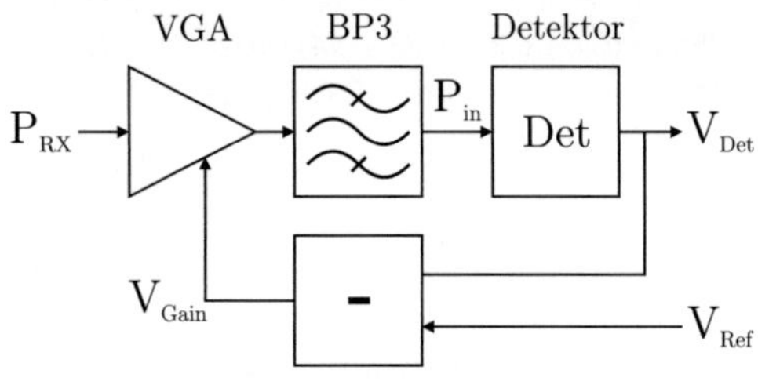

Abbildung 5.13: Detektorschleife.

in Kapitel 5.2 beschriebenen Prinzip der monolithischen Detektoren. Der Graph 5.14 gibt die Ausgangskennlinie und die Abweichung dieser von der idealen logarithmischen Kennlinie bei 100 MHz Signalfrequenz wieder. Für die in der Detektorschleife verwendete Frequenz von 133,2 MHz wird angenommen, dass im Rahmen der Messgenauigkeit diesel-

[22]Leiterplatte, engl.: Printed Circuit Board

[23]Verstärker mit variabler Verstärkung, engl.: Variable Gain Amplifier

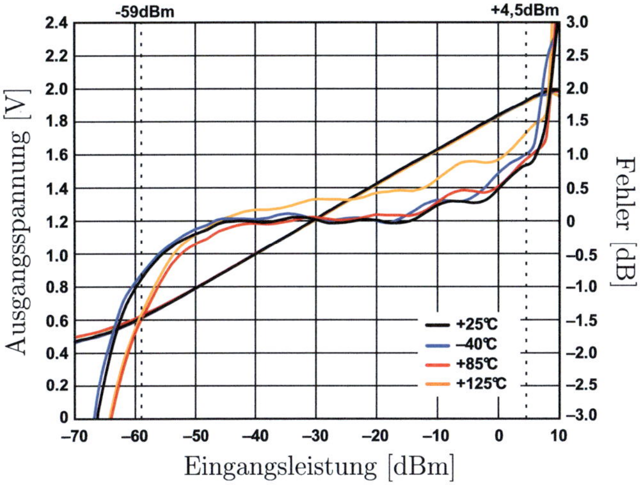

Abbildung 5.14: Ausgangs- und Fehlerkennlinie des ADL5513 bei 100 MHz [86].

be Kennlinie gilt. Um eine Messgenauigkeit von ±1 dB im geforderten Temperaturbereich zu erreichen, müssen die zu messenden Leistungen am Eingang des Detektors zwischen -59 dBm und +4,5 dBm liegen, wie aus Abbildung 5.14 ersichtlich ist. Dies ergibt für den Detektor alleine einen geradlinigen Dynamikbereich von 63,5 dB. Der ADL5513 benötigt neben der Spannungsversorgung noch eine zusätzliche Referenzspannung zur Temperaturkompensation.

Zur Vergrößerung des Dynamikbereichs wird ein VGA eingesetzt. Um die Kennlinie des Detektors beizubehalten muss die Verstärkung in dB regelbar sein. Die Verstärkung muss bei einer steigenden Steuerspannung entsprechend sinken. Dadurch ergibt sich ein Gesamtdynamikbereich, der der Summe beider Komponenten entspricht [87]. Für diesen Zweck wird der ADL5330 von Analog Devices verwendet. Dieser VGA besitzt einen Verstärkungs-Regelbereich von 58 dB. Die Abhängigkeit der Verstärkung von der Steuerspannung ist umgekehrt zu der geforderten, lässt sich aber mittels eines invertierenden Verstärkers mit Offset (Subtrahierer) anpassen (siehe Abbildung 5.13).

Die Kennlinie des ADL5330 ist in Abbildung 5.15 zu sehen. Dieser kann der ±1 dB-Dynamikbereich entnommen werden. Die Fehler durch eine Abweichung von der logarithmischen Kennlinie des Detektors und des VGA addieren sich. Da keine große Dämpfung benötigt wird, werden die Grenzen für die Steuerspannung auf 0,3 V (-27,5 dB) und 1,3 V

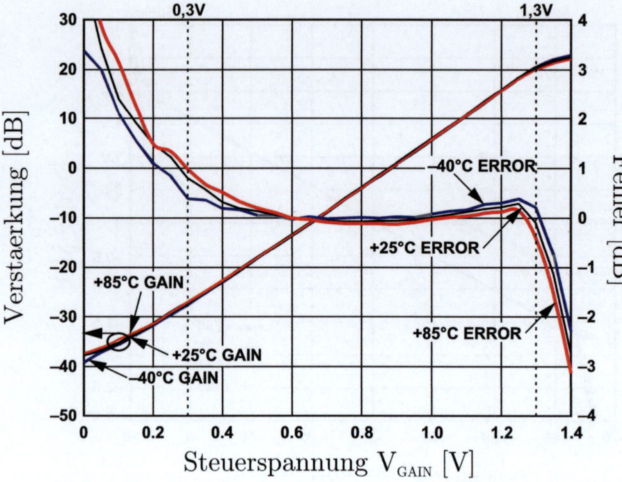

Abbildung 5.15: Ausgangs- und Fehlerkennlinie des ADL5330 bei 100 MHz [88].

(+20 dB) festgelegt. Die Verstärkung eines VGA lässt sich mittels folgender Gleichung für jede Steuerspannung berechnen [88]:

$$G = \frac{1}{V_{slope,VGA}}(V_{Gain} - V_0) \tag{5.14}$$

G entspricht der Verstärkung des VGA, $V_{slope,VGA}$ der logarithmischen Steigung in V/dB und V_{Gain} ist die Steuerspannung. Die Interceptspannung V_0 entspricht der Steuerspannung, bei der die Verstärkung 0 dB erreicht.

Der Bandpass BP3 wird zum einen benötigt, um durch Nichtlinearitäten im VGA (zum Beispiel IMD, IP3, HD) entstandene Intermodulationsprodukte wieder zu entfernen. Noch wichtiger ist es zum anderen, möglichst viel Rauschleistung neben dem Nutzkanal herauszufiltern. Der Detektor ist sensitiv für Eingangsfrequenzen von 1 MHz bis 4 GHz und würde die gesamte Rauschleistung in diesem Frequenzbereich aufintegrieren. Dies würde zu einer deutlichen Verringerung der Empfindlichkeit des Systems führen. Für BP3 wurde eine π-Struktur sechster Ordnung verwendet. Der gemessene Betragsgang ist in Abbildung 5.16 zu sehen. Im Frequenzbereich über 2,5 GHz könnte mit einem Bandstop-Filter noch zusätzliche Dämpfung und damit Empfindlichkeit für das Gesamtsystem gewonnen werden. Dies würde allerdings auch zu einer zusätzlichen Einfügedämpfung führen. BP3 hat eine 3 dB-Bandbreite von 25 MHz bei einer Einfügedämpfung von 2,9 dB. Zum Abschluss soll

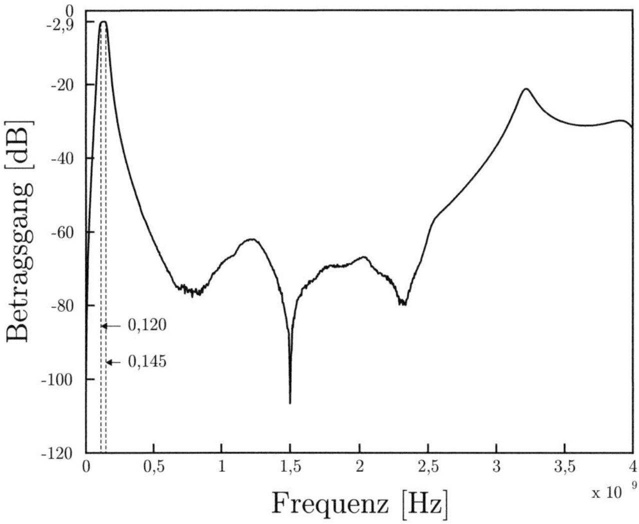

Abbildung 5.16: Betragsgang von BP3.

das Gesamtverhalten der Detektorschleife und damit der Dynamikbereich bestimmt werden. Die in Abbildung 5.13 auf Seite 108 gezeigte Schleife kann in Gesamtheit als ein einziges Detektor-Element betrachtet werden. So ist die Ausgangsspannung V_{Det} proportional zur empfangenen Leistung des Signals P_{RX} in dB.

Die Ausgangsspannung V_{Gain} des Subtrahierers lässt sich aus den zwei Eingangsspannungen mit folgender Gleichung berechnen [89]:

$$V_{Gain} = \frac{(R_4 + R_1)R_3}{(R_3 + R_2)R_1} V_{Ref} - \frac{R_4}{R_1} V_{Det} = XY - XV_{Det} \qquad (5.15)$$

Aus den Übertragungsgleichungen des Detektors, des variablen Verstärkers und des Subtrahierers lässt sich eine Gesamtgleichung berechnen. Die einzelnen charakteristischen Gleichungen sind hier zusammengefasst und vereinfacht (vergleiche Gleichungen 5.4, 5.14 und 5.15):

$$\begin{aligned} V_{Det} &= V_{slope}(P_{in} - P_0) \\ &= 21\frac{mV}{dB}(P_{in} + 87\,dB) \end{aligned} \tag{5.16}$$

$$\begin{aligned} G &= \frac{1}{V_{slope,VGA}}(V_{Gain} - V_0) \\ &= \frac{1}{20{,}7\,\frac{mV}{dB}}(V_{Gain} - 0{,}88\,V) \\ &= 48{,}3\frac{dB}{V}(V_{Gain} - 0{,}88\,V) \end{aligned} \tag{5.17}$$

$$\begin{aligned} V_{Gain} &= XY - X\,V_{Det} \\ &= 0{,}68\,(2{,}47\,V - V_{Det}). \end{aligned} \tag{5.18}$$

Gleichung 5.18 lässt sich in Gleichung 5.17 einsetzen und liefert:

$$G = 38{,}6\,\mathrm{dB} - 32{,}8\,\frac{\mathrm{dB}}{\mathrm{V}}\,V_{Det}. \tag{5.19}$$

Mit der Leistung P_{RX} am Eingang der Detektorschleife und P_{in} am Eingang des Detektors folgt $P_{in} = P_{RX} + G + A_{BP3}$. A_{BP3} stellt die Einfügedämpfung des Bandpasses BP3 aus Abbildung 5.13 dar. Unter Verwendung dieser Gleichung nach Einsetzen von (5.17) ergibt sich als Gesamtergebnis:

$$V_{Det} = 12{,}4\,\frac{\mathrm{mV}}{\mathrm{dB}}\,(P_{RX} + 122{,}6\,\mathrm{dB}) \tag{5.20}$$

Zum Vergleich: Die später bei der Inbetriebnahme im Labor tatsächlich gemessene Steigung der Kennlinie der Detektorschleife beträgt circa 12 mV/dB. Es ergibt sich also eine gute Übereinstimmung von Berechnung und Messwert.

Um im Mikrocontroller aus der Ausgangsspannung des Detektors die Leistung berechnen zu können, muss die Gleichung nach P_{RX} umgestellt werden:

$$P_{RX} = 80{,}65\,\frac{\mathrm{dB}}{\mathrm{V}}\,V_{Det} - 122{,}6\,\mathrm{dB} \tag{5.21}$$

Der Dynamikbereich der Detektorschleife lässt sich durch vorzeichenrichtige Addition der Grenzen des VGA und des Detektors sowie der Dämpfung von BP3 berechnen. Das untere Limit der Detektorschleife beträgt

$$-59\,\mathrm{dBm} - (20\,\mathrm{dB} + 3\,\mathrm{dB}) = -76\,\mathrm{dBm}. \tag{5.22}$$

Das obere Limit beträgt

$$+4{,}5\,\mathrm{dBm} - (-27{,}5\,\mathrm{dB} + 3\,\mathrm{dB}) = +35\,\mathrm{dBm}. \tag{5.23}$$

Die Gleichungen 5.21, 5.22 und 5.23 geben allerdings nur theoretische, berechnete Richtwerte wieder und sind durch mehrmaliges Runden und Vernachlässigung von eventuell geringen Fehlanpassungen und anderen additiven Dämpfungen ungenau. Des Weiteren wurden die Unterschiede der drei möglichen Eingangspfade nicht berücksichtigt (siehe Kapitel 5.3.2.1). Deshalb muss das System, um Leistungen korrekt anzeigen zu können, kalibriert werden. Hierzu wird für jeden Pfad ein Kalibrierwert im Speicher des Mikrocontrollers abgelegt. Diese werden dann jeweils mit dem tatsächlich gemessenen Wert verrechnet.

5.3.2.3 Back-End

Die Aufgabe des Backends ist die Verarbeitung und Ausgabe der gemessenen Daten und die Steuerung aller Komponenten. In Abbildung 5.17 sind dessen Bestandteile und die Verbindungen dargestellt. An den ADU werden hohe Anforderungen bezüglich der Auflösung

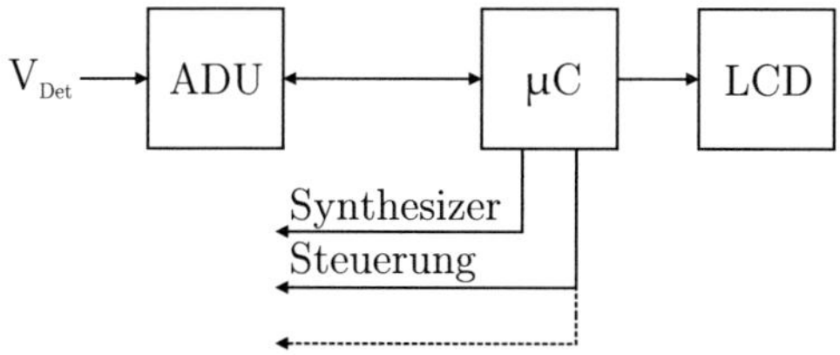

Abbildung 5.17: Darstellung des Backends.

gestellt. Das Display des Handgerätes muss die Leistung in dBm auf eine Nachkommastelle genau anzeigen können. Dazu müssen die Daten mit mindestens dieser Genauigkeit aufgenommen und verarbeitet werden.

Die Detektorschleife erzeugt eine Ausgangsspannung mit einer Steigung von 12,4 mV/dB. Um eine Auflösung von 0,1 dB zu erhalten, muss der Analog-Digital-Umsetzer somit mindestens eine Genauigkeit von 1,24 mV aufweisen. Hierfür würde ein ADU mit einer Auflösung von 12 ENOB[24] ausreichen. Gleichzeitig kann allerdings aufgrund der Quantisierungsstufen ein Messfehler von bis zu 0,61 mV ($\widehat{=}\, U_{LSB}/2$) auftreten. Des Weiteren ist der exakte Wert der Steigung der Kennlinie der Detektorschleife im fertigen Sensor durch eine

[24] Effektive Bitanzahl, engl.: Effective Number Of Bits

Kalibrierung zu bestimmen. Wenn dieser Wert beispielsweise tatsächlich 12,3 mV betragen würde, ergäbe dieser Messfehler von 0,1 mV über einen Spannungsbereich von 1 V einen Fehler von 0,7 dB. Um die exakte Steigung im Leistungsmessgerät einstellen zu können, wird deshalb eine noch höhere Genauigkeit gefordert. Diese wird um den Faktor 100 auf 12,4 µV erhöht, damit auch die erste Dezimalstelle der Steigung verändert werden kann.

Ein weiterer wichtiger Parameter bei Analog-Digital-Umsetzern ist die Abtastrate. Ein GSM Datenburst ist 577 µs lang. Wenn mit 1/577 µs = 1733 Hz abgetastet wird, liegt nur ein Messpunkt auf einem Burst. So ist es möglich, eine der beiden Signalflanken zu messen, was in falschen Messwerten resultiert. Wird die Abtastrate verdoppelt, fällt mindestens ein Messpunkt nicht auf eine Flanke. Als Minimalwert werden 3,5 kHz gewählt. Diese Anforderungen erfüllt der ADS1259 von Texas Instruments. Da sich während der Inbetriebnahme die Übertragung der Abtastwerte über die SPI[25]-Schnittstelle an den Mikrocontroller als recht fehleranfällig herausstellte, wurde die Abtastrate auf 14,4 kHz erhöht. Über einen CRC-Check werden falsche Werte aufgedeckt und verworfen. Durch die hohe Abtastrate bleiben mehr als genug korrekte Werte übrig. Durch die TDMA-Struktur sendet eine MS nur in jedem achten Zeitschlitz. Dazwischen liegt eine Pause von $7 \cdot 577\,\mu s = 4{,}04\,ms$. Aus diesem Grund wurde in der Software des Mikrocontrollers eine Max-Hold-Funktion implementiert, die den gemessenen Maximalwert innerhalb eines TDMA-Rahmens misst und immer nach 4,62 ms zurückgesetzt wird. Auf diese Weise ist keine aufwendige Synchronisierung des Sensormoduls mit der TDMA-Rahmenstruktur nötig.

Der Mikrocontroller ist die zentrale Steuereinheit des Handgerätes. Die primäre Aufgabe ist die Auswertung der Messwerte. Dazu werden approximierte Kennlinien zu den drei möglichen Empfangspfaden, wie in Kapitel 5.3.2.1 beschrieben, im Speicher des Mikrocontrollers abgelegt. Dabei wird für jeden Pfad separat eine Gerade der Form $y = mx + t$ aufgestellt, die für den jeweils zugeordneten Eingangsleistungsbereich gültig ist. Die Steigung m in V/dBm wird jeweils bestimmt, indem die untere und obere Bereichsgrenze mithilfe eines GSM-Funktionsgenerators angefahren wird. Aus den resultierenden Ausgangswerten des ADU wird die Steigung berechnet. Der Y-Achsenabschnitt t in dBm ist hierbei die untere Bereichsgrenze (vergleiche (5.17)). Die gemessene Detektorspannung y wird im Anschluss in dBm umgerechnet.

Zu Beginn einer neuen Messung (nach dem Einschalten des Sensormoduls) schaltet der Mikrocontroller auf den Signalpfad ① mit dem Dämpfungsglied. Dadurch wird sichergestellt, dass keines der Bauteile übersteuert oder sogar von einem zu starken Signal beschädigt wird. Nach der ersten Messung wird automatisch auf den passenden Signalpfad mit dem für

[25] Synchroner serieller Datenbus, engl.: Serial Peripheral Interface

das Signal besten SNR geschaltet. Verändert sich der gemessene Pegel über eine Bereichsgrenze hinaus, wird erst nach der Überschreitung einer Hysterese zwischen zwei Pfaden umgeschaltet, um ein ständiges Wechseln zu verhindern.

Der Signalpegel wird vom Mikrocontroller in dBm an das angeschlossene LCD[26] gesendet. Es ist davon auszugehen, dass die gemessene Leistung selbst beim ruhigen Halten der Richtantenne von einem TDMA-Rahmen zum nächsten aufgrund des nicht konstanten Kanals leicht schwankt. Um ein Flimmern der Anzeige zu verhindern, wird ein gleitender Mittelwert über sieben Messwerte gebildet. Das Display wird mit 10 Hz aktualisiert. Damit sind auch schnelle Schwenks der Richtantenne gut darstellbar.

Die Spannungsversorgung der Platine wird über einen 7,4 V Lithium-Polymer Akku mit 5000 mAh realisiert. Auf diese Weise ist das Handgerät flexibel einsetzbar, da keine Kabel zur Spannungsversorgung benötigt werden. Die Kapazität reicht für einen Betrieb von mehreren Stunden aus. Der Ladezustand wird zyklisch mithilfe eines einfachen ADU im Mikrocontroller überwacht. Fällt die Spannung unter einen Mindestwert, wird eine Warnung im Display angezeigt und das Modul wird in einen Energiesparmodus versetzt. Der Akku muss zeitnah ausgetauscht werden, da Lithium-Polymer Akkus nach einer Tiefentladung nicht mehr wiederaufgeladen werden können.

Die 7,4 V müssen auf die benötigten 5 V und 3,3 V reduziert werden. Für diesen Zweck werden LDOs[27] eingesetzt. Diese haben gegenüber Schaltreglern den Vorteil, dass sie keine Störungen durch Schaltvorgänge verursachen und somit auch für HF-Schaltungen ohne großen Entstörungsaufwand verwendet werden können. Außerdem reicht für eine Spannungsumsetzung durch einen LDO ein sehr geringer Pegelunterschied aus.

5.3.3 Hardwareimplementierung

Der in den vorangegangenen Kapiteln erläuterte Leistungssensor wurde auf einem 15 cm × 7 cm kleinen PCB mit vier Lagen realisiert (siehe Abbildung 5.18). Als Substrat wurde FR4 mit einer Dielektrizitätskonstante $\varepsilon_r = 4{,}5$ gewählt, was bei ausreichender Linearität die kostengünstigste Variante darstellt. Besonderer Augenmerk beim Layout wurde auf HF-Anforderungen gelegt. Alle HF-Leiterbahnen wurden als CPWG[28] ausgelegt. Dies ist eine

[26]Flüssigkristallanzeige, engl.: Liquid Crystal Display

[27]Linearregler, engl.: Low Dropout Regulator

[28]Koplanare Wellenleitung mit tieferliegender Masseebene, engl.: Coplanar Waveguide with Lower Ground Plane

wirkungsvolle Möglichkeit, um die Impedanz der Leitungen auf 50 Ω festzulegen. So werden größere Fehlanpassungen erfolgreich vermieden. Zusammen mit dem LCD wurde die

Abbildung 5.18: PCB des fertigen Sensors (ohne LCD).

Platine in einem Aluminiumgehäuse verbaut. Abbildung 5.19 zeigt das eigens angefertigte Gehäuse mit dem Ein-/Aus-Schalter, sowie Tasten zur Auswahl des GSM-Kanals, zur Triggerung der Anzeigenbeleuchtung und einem zusätzlichen frei belegbaren Taster für Debug-Zecke. Das Gehäuse ist sehr stabil und gut geeignet, um in schwer begehbarem Trümmergelände verwendet zu werden. Zusätzlich ist das Gehäuse resistent gegen Feuchtigkeit und Regen. Reflektionen am Inneren der Metallbox wurden mit elektromagnetisch dämpfendem Material minimiert.

5.3.4 Messergebnisse

Nachdem der Sensor in Hardware aufgebaut wurde, wurden verschiedene Messungen im Labor durchgeführt und die Funktionalität in verschiedenen Feldtests im In- und Ausland bestätigt. Es wurde insgesamt eine Sensitivität von -107 dBm und ein linearer Dynamikbereich von 107 dB ($|-102\,\text{dBm}|+5\,\text{dBm}=107\,\text{dB}$) erreicht. Damit werden die geforderten Werte aus Kapitel 5.3.1 von -101,1 dBm für die Sensitivität und 106,1 dB für den linearen Dynamikbereich deutlich übertroffen. Die NF[29] des Empfangspfades beträgt 3,8 dB und der IIP3 19 dBm. Die Stromaufnahme des gesamten Sensors mit Display beläuft sich auf 530 mA. Der relativ hohe Stand-By-Stromverbrauch von 307 mA resultiert aus der fehlenden Abschaltmöglichkeit der LNA, die die Hauptverbraucher darstellen. Die wichtigsten Kenngrößen sind in Tabelle 5.2 nochmals aufgelistet. Abbildung 5.20 zeigt die Übereinstimmung zwischen Eingangsleistung und gemessener Leistung in dBm. Die blaue Linie

[29]Rauschzahl, engl.: Noise Figure

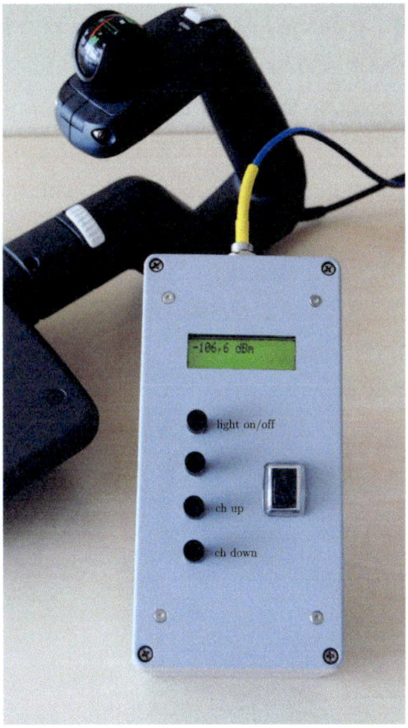

Abbildung 5.19: Komplette Sensoreinheit mit Richtantenne.

zeigt die Eingangsleistung, während die rote Linie den gemessenen Wert darstellt. Dabei ergibt sich ein MSE[30] von 0.0667 dB. Es wird also, wie in Kapitel 5.3.1 gefordert, eine Genauigkeit besser 0,1 dBm erreicht.

Parameter	Wert	
NF	3,8	dB
IIP3	19	dBm
Sensitivität	-107	dBm
Geradliniger Dynamikbereich	107	dB
MSE	0,07	dB
$I_{in\ max}$ @7,4V	530	mA
I_{stdby} @7,4V	307	mA

Tabelle 5.2: Verschiedene gemessene Kenngrößen.

[30]Mittlere quadratische Abweichung, engl.: Mean Square Error

Da dieser Feldstärkesensor im Prinzip einem spezialisierten Spektrumanalysator entspricht, liegt ein Vergleich mit diesen High-End-Messgeräten nahe. Im Laborumfeld werden GSM-Spektren mit eben solchen Messgeräten untersucht. Auch tragbare Varianten mit meist schlechteren Kenngrößen sind erhältlich. Da die maximale Eingangsleistung für die Anwendung in einem Ortungssystem von geringer Bedeutung ist, soll hier die Sensitivität verglichen werden. Dabei wurden die Rauschteppiche bei minimaler Eingangsdämpfung und einer Auflösebandbreite von 400 kHz von vier verschiedenen Spektrumanalysatoren untersucht. Die Bandbreite von 400 kHz entspricht der Messbandbreite der in dieser Arbeit vorgestellten Sensoreinheit (vergleiche Kapitel 5.3.2.1).

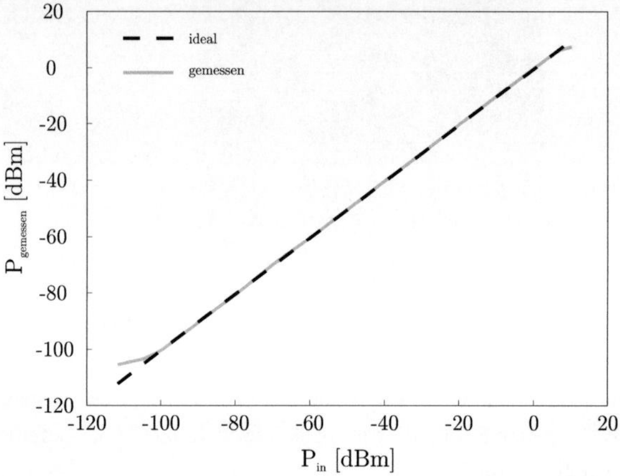

Abbildung 5.20: Vergleich zwischen idealer und gemessener Kennlinie des Sensors.

Tabelle 5.3 zeigt eine um 13 dBm höhere Sensitivität des I-LOV-Sensors gegenüber dem besten Spektrumanalysator im Test. Eine Ursache für diese deutliche Überlegenheit gegenüber diesen handelsüblichen Messgeräten besteht im Aufbau des Front-Ends. Durch den höheren Anspruch in Bezug auf Linearität besitzen Spektrumanalysatoren im Allgemeinen ein Dämpfungsglied als erste Komponente in der Empfangskette. Dieses Dämpfungsglied ist zwar schaltbar, jedoch nicht abschaltbar. Diese 5 - 10 dB Minimaldämpfung gehen nach Friis direkt in die Rauschzahl ein und verschlechtern so auch direkt die Sensitivität. Zudem hat der darauf folgende LNA keine optimale Rauschzahl, da auch dieser eher auf Linearität getrimmt wird. Des Weiteren ist ein Spektrumanalysator nicht für GSM optimiert, im Gegensatz zur I-LOV-Sensoreinheit. Dieses Ergebnis zeigt klar die Notwendigkeit einer eigenen Entwicklung des Sensors.

Messgerät	Minimale Dämpfung [dB]	Sensitivität [dBm]
R & S FSUP	5	-83
R & S FSU	5	-91
R & S FSEB	10	-91
Agilent PSA	6	-94
I-LOV-Sensor	0	-107

Tabelle 5.3: Vergleich der Sensitivität mit handelsüblichen Spektrumanalysatoren bei einer Auflösungsbandbreite von 400 kHz.

Bereits die ersten Testmessungen mit einem Rohde & Schwarz Testempfänger und der Richtantenne HE300 brachten vielversprechende Ergebnisse. In geröllartigen Strukturen aus inhomogenem Material können die MS bis auf wenige Zentimeter genau lokalisiert werden (vergleiche Abbildung 5.21(a)). Nur in Strukturen mit größeren Betonplatten mit Stahlarmie-

(a) Geröll

(b) Beton

(c) I-LOV-System im Einsatz

Abbildung 5.21: Erste Feldstärkemessungen mit Rohde & Schwarz-Testempfänger (a) und (b) und I-LOV-System in einem VW Multivan (c).

rung oder gar Stahlplatten wird das Maximum der empfangenen Feldstärke an den Rändern der Platten gemessen, anstatt direkt über der MS (vergleiche Abbildung 5.21(b)). In diesen Fällen ist das sogar ein Vorteil. Zum einen decken sich somit die Ergebnisse der Ortung mit den Anzeigen der Rettungshunde. Diese würden auch das Maximum des menschlichen Geruchs an den Ventilationsöffnungen an den Plattenrändern wahrnehmen. Daraus entstehen also keine verwirrenden Mehrfachfunde. Zum anderen zeigt eine Messung am Rand der Platten bereits den einfachsten Zugang zum Opfer. Meistens ist ein Zugang mitten durch eine größere Platte aufwendiger und gefährlicher für das Opfer als über den Rand. Abbildung 5.21(c)) zeigt das komplette I-LOV-System in einem VW Multivan aufgebaut.

Bei unzähligen Feldtests und Demonstrationen, unter anderem auch in Israel, hat sich das I-LOV-Ortungssystem bewährt. Für den Vorgang der Feldstärkeortung ist keine Ausbildung nötig. Allerdings steigt die Geschwindigkeit eines Ortungserfolges mit der Anzahl der Übungen. Nach 15 Minuten Übung kann ein THW-Helfer mit einem der Feldstärkesensoren auf einem typischen Übungsgelände der Größe 50 m × 100 m Ortungserfolge innerhalb von circa drei Minuten erreichen. Das System wird zudem regelmäßig bei Tagen der offenen Tür von Schulklassen erfolgreich getestet.

Abbildung 5.22: Der Feldstärkesensor im Test durch das THW.

Zusammenfassung und Ausblick

Die vorliegende Arbeit beschäftigt sich mit der Ortung von verschütteten Personen anhand ihrer mitgeführten GSM[31]-Mobilstationen nach Erdbebenszenarien. Dafür ist eine Ortungsgenauigkeit im Zentimeterbereich unabdingbar. Da bisherige Ortungsverfahren aber nur eine geringe Genauigkeit von bestenfalls 50 m aufweisen, war es erforderlich ein neuartiges System zu entwerfen.

Für das feldstärkebasierte I-LOV[32]-Ortungssystem war es nötig eine eigene BTS[33] zu entwickeln, die volle Kontrolle über die gesuchten MS[34] ermöglicht. Um alle sich im Zielgebiet befindlichen MS zwingen zu können, sich an der I-LOV-BTS anzumelden, wurden innovative und präzise Jammersysteme benötigt. Diese unterbrechen die Verbindung der MS zu ihren Netzanbietern. In dieser Arbeit wurden neue Konzepte zur Störung bestehender Mobilfunkverbindungen untersucht und realisiert. Theoretische Grundlagen wurden aufgestellt und mathematisch hergeleitet. Anschließend wurden die Jammer-Module in Hardware implementiert und vermessen. Die fertigen Systeme zeichnen sich im Gegensatz zu bekannten Systemen durch hohe Reichweite und Funktionalität bei gleichzeitigem minimalem Eingriff in das Netz sowie geringen Abmessungen und Leistungsverbrauch aus.

Nach der gezielten Störung des Netzes sind die MS aufgrund des „Nur Notrufe"-Protokolls gezwungen, sich bei der einzig verfügbaren BTS, der I-LOV-BTS, anzumelden. Besteht erst Kontrolle über die MS, können die Opfer nun ohne Kenntnis der Telefonnummer angerufen werden, es können SMS[35] versendet, ein Gespräch oder eine stille Datenverbindung aufgebaut werden. Die einzelnen MS senden nacheinander mit maximaler Leistung.

Das Mobilfunksignal wird nun mit dem ebenfalls in dieser Arbeit vorgestellten GSM-Feldstärkesensormodul lokalisiert. Dafür wurden die verschiedenen Möglichkeiten der HF[36]-

[31]Globales System für Mobilkommunikation, engl.: Global System for Mobile Communication
[32]Intelligentes sicherndes Lokalisierungssystem für die Rettung und Bergung von Verschütteten
[33]GSM-Mobilfunk-Basisstation, engl.: Base Transceiver Station
[34]Mobilstation GSM, umgangssprachlich: Handy, engl.: Mobile Station
[35]Kurznachricht mit ursprünglich 256 Zeichen, engl.: Short Message Service
[36]Hochfrequenz

Leistungsmessung untersucht und ein neues Systemkonzept für die Leistungsmessung von GSM-Mobilfunksignalen entwickelt. Das fertige Modul filtert einzeln einen beliebigen der 200 kHz breiten GSM-Kanäle heraus und zeigt die gemessene Leistung auf 0,1 dBm genau an. Mithilfe einer Richtantenne kann dann das Signalmaximum zentimetergenau ermittelt werden. Das realisierte System kann damit wirkungsvoll verschüttete Opfer lokalisieren. Die Funktionalität wurde in vielen Labormessungen und Feldtests bestätigt.
Einer Weiterentwicklung des Systems zum Produkt steht nichts im Wege. Dafür würde es sich anbieten, die bisher verwendeten FPGA[37]-Entwicklungsboards durch Neuentwicklungen zu ersetzen. So könnte der Formfaktor und die Kosten weiter verringert werden. Zusätzlich muss die Bedienfreundlichkeit der Steuersoftware verbessert werden. Die graphische Benutzeroberfläche sollte soweit vereinfacht und automatisiert werden, dass das System auch von Laien bedient werden kann.

Des Weiteren sollte das Prozedere des „Einfangens" der MS weiter untersucht werden. Hier besteht die Möglichkeit, der MS aktiv eine BTS des eigenen Netzproviders vorzutäuschen, indem der NCC[38], den der I-LOV-BCCH[39] überträgt, angepasst wird. Somit wäre die I-LOV-Zelle bereits in der Nachbarzellenliste der MS vorhanden und ein Wechsel zur I-LOV-BTS würde voraussichtlich schneller vonstattengehen.

Ebenfalls einer Untersuchung wert wäre eine Implementierung des Frequenzsprungverfahrens [37] für die Feldstärkemessung. Auf diese Weise würden Kanaleigenschaften und lokale Minima und Maxima aufgrund der Wellenlänge gemittelt, was zu noch stabileren Messwerten führen müsste.

Soll das System auch in Zukunft voll funktionsfähig sein, muss der neue Mobilfunkstandard LTE[40] berücksichtigt werden. Abbildung 5.23 zeigt auf einer Zeitachse chronologisch die Entwicklung des Mobilfunks seit der Einführung von GSM. Aufgrund des mit dem Faktor 4 pro Jahr steigenden Datenverkehrs in Mobilfunknetzwerken [90] war es sinnvoll einen neuen Standard aufzusetzen, um das Datenvolumen auch in Zukunft bewältigen zu können. Um höhere Datenraten bereitstellen zu können, verwendet LTE eine höhere Bandbreite von bis zu 20 MHz mit dynamischer Bandbreitenzuteilung über OFDM[41]. LTE wird zum einen

[37] Integrierter Schaltkreis der Digitaltechnik, in den eine logische Schaltung programmiert werden kann, engl.: Field Programmable Gate Array

[38] Provideridentifikationscode, engl.: Network Color Code

[39] Downlink-GSM-Kanal, der dem Endgerät Informationen über die aussendende Zelle liefert, engl.: Broadcast Control Channel

[40] Kommunikationsstandard der vierten Generation, engl.: Long Term Evolution

[41] Orthogonales Frequenzmultiplexverfahren, engl.: Orthogonal Frequency-Division Multiplexing

die gleichen Frequenzbänder wie UMTS[42] verwenden, es werden aber auch neue Bereiche von 2,5 GHz - 2,7 GHz, 700 MHz in den USA und die kürzlich frei gewordenen analogen TV-Kanäle bei 800 MHz verwendet. Dieses zusätzliche Frequenzband bei 800 MHz wird oft als Digitale Dividende bezeichnet. Alle aufgezählten Frequenzbänder müssen mit einer Erweiterung der Jammer-Module abgedeckt werden. Eine Störung sollte ähnlich dem GSM-Standard durchführbar sein, da LTE im Gegensatz zu UMTS keinen Spreizgewinn durch DSSS[43] erfährt. Eventuell muss die höhere Bandbreite beachtet werden. Die vier Mobilfunkbetreiber in Deutschland Telekom, Vodafone, O2 und E-Plus bauen bereits die LTE-Netzabdeckung auf. Dabei hat der ländliche Raum Vorrang, um möglichst allen Bundesbürgern Zugang zu Breitbandinternetverbindungen zu ermöglichen. Nach und nach werden auch die mobilen Endgeräte LTE unterstützen. In Zukunft wird UMTS wie GSM in Deutschland, in Gebieten in denen LTE nicht verfügbar ist, als sogenanntes Fall-Back-System fungieren . Weltweit gesehen ist und bleibt GSM der verbreitetste Mobilfunkstandard. Viele Länder setzen auf GSM zur Telefonie-Grundversorgung der Bürger, da es billiger ist als eine aufwendige Verkabelung durch Hoch- oder Tiefbaumaßnahmen. GSM wird also auf absehbare Zeit von jeder neuen Mobilgerätegeneration weiterhin unterstützt werden und somit auch das in dieser Arbeit vorgestellte Ortungsverfahren.

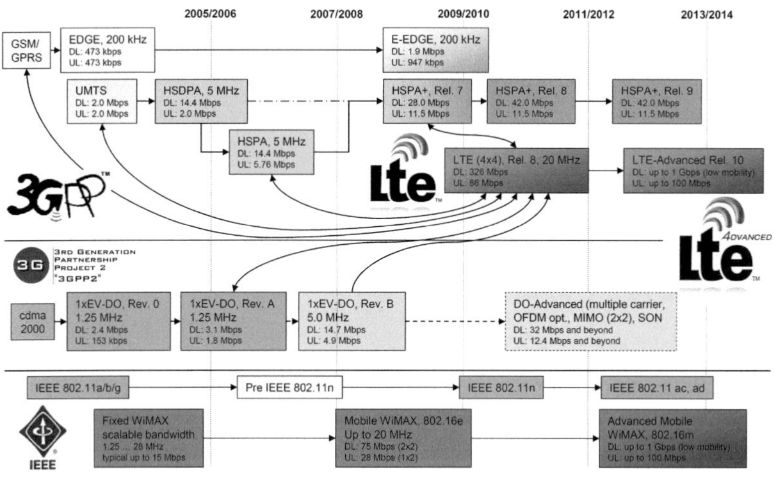

Abbildung 5.23: Zeithorizont der verschiedenen Mobilfunkgenerationen [90].

[42] Mobilfunkstandard der dritten Generation, engl.: Universal Mobile Telecommunications System
[43] Bandspreizverfahren über vorgegebene Bitfolge, engl.: Direct Sequence Spread Spectrum

Abschließend soll noch auf eine Frage eingegangen werden, die immer wieder während der 3,5 jährigen Projektlaufzeit aufkam: Ist es legal, ein solches System zu verwenden?

Um diese Frage zu beantworten, fand während der Projektlaufzeit am Institut für Öffentliches Recht der Albert-Ludwigs-Universität Freiburg unter Herrn Prof. Dr. Thomas Würtenberger eine rechtliche Begleitforschung statt, die dieser Frage auf den Grund gehen sollte. Dabei stand vor allem die Problematik im Raum, ob die Frequenzbänder, die den Netzbetreibern entgeltlich von der Bundesnetzagentur zur Verfügung gestellt wurden, durch ein solches Ortungssystem, temporär und örtlich begrenzt, gestört werden dürfen. Frau Dr. Amelie von Zimmermann hat in ihrer Dissertation „Rechtmäßigkeit der Rettung Verschütteter im Wege der Ortung von Mobiltelefonen" gezeigt, dass eine Ortung bei gleichzeitiger Störung der erteilten Frequenzbänder nach §55 Abs. 1 S.4 und §5 TKG in Verbindung mit der entsprechenden katastrophenschutzrechtlichen Generalklausel des Bundeslandes rechtens ist. Ebenso die Erprobung eines solchen Systems, solange die resultierenden Störungen nicht die Schwelle der „Erheblichkeit" überschreiten [91]. International betrachtet, besteht hier jedoch Klärungsbedarf im jeweiligen Einsatzland.

Literaturverzeichnis

[1] M. Loschonsky und S. Zorn, “Intelligentes sicherndes Lokalisierungssystem für die Rettung und Bergung von Verschütteten - I-LOV, Teilvorhaben: Positionsbestimmung und Ortungstechnik,” 2007.

[2] F. Gehbauer, S. Hirschberger und M. Markus, *Zivilschutz-Forschung - Methoden der Bergung Verschütteter aus zerstörten Gebäuden.* Bundesverwaltungsamt, 2001, vol. 46.

[3] Bundesanstalt für Geowissenschaften und Rohstoffe. (2012) Erdbebenstatistik. [Online]. Verfügbar: http://www.bgr.bund.de/DE/Themen/Erdbeben-Gefaehr\discretionary-dungs\discretionary-analysen/Seismologie/Seismologie/Erdbebenstatistik/erdbebenstatistik_node.html

[4] RECCO AB. (2012, April) Über RECCO. RECCO AB. SE-181 04 Lidingö, Schweden. [Online]. Verfügbar: http://de.recco.com/ueber-recco

[5] PIEPS GmbH. (2012, April) LVS-Geräte. PIEPS GmbH. Parkring 4, 8403 Lebring, Austria. [Online]. Verfügbar: http://www.pieps.com/index.php

[6] I-LOV. (2012) Positionsbestimmung und Ortungstechnik. [Online]. Verfügbar: http://www.i-lov.org/index.php?id=113

[7] A. Goetz, S. Zorn, R. Rose, und R. Weigel, “A time difference of arrival system architecture for GSM mobile phone localization in search and rescue scenarios,” in *8th Workshop on Positioning, Navigation and Communication*, 2011.

[8] A. Goetz, R. Rose, S. Zorn, G. Fischer, und R. Weigel, “A wideband crosscorrelation technique for high precision time delay estimation of frequency hopping GSM signals,” in *Microwave Conference (EuMC), 2011 41st European*, Oktober 2011, S. 33–36.

[9] A. Goetz, R. Rose, S. Zorn, und R. Weigel, “Ortung von GSM-Mobiltelefonen in Katastrophenszenarien,” in *DGON Navigationskonvent 2009*, Berlin, 2009.

[10] ——, "Ortung von GSM-Mobiltelefonen in Katastrophenszenarien," in *ION-CH AHORN 2009*, Zürich, 2009.

[11] A. Goetz, S. Zorn, R. Rose, G. Fischer, und R. Weigel, "A time difference of arrival system architecture for GSM mobile phone localization in search and rescue scenarios," in *Positioning Navigation and Communication (WPNC), 2011 8th Workshop on*, Dresden, April 2011, S. 24–27.

[12] ——, "Ortung von GSM Mobiltelefonen zur Vermissten- und Verschüttetensuche," in *Electrical and Electronic Engineering for Communication (EEEfCOM) 2011*, Ulm, 2011.

[13] A. Goetz, R. Rose, S. Zorn, G. Fischer, und R. Weigel, "Algorithms for high resolution time difference of arrival estimation for GSM mobile phones," in *Kleinheubacher Tagung*, 2011.

[14] ——, "A burst phase analysis technique for high precision time delay estimation of frequency hopping GSM signals," in *Asia-Pacific Microwave Conference (APMC)*, Melbourne, Australien, 2011.

[15] ——, "Performance of coherent time delay estimation techniques for frequency hopping GSM signals," in *Radio Wireless Week (RWW) / Wireless Sensors and Sensor Networks (WiSNet) 2012*, Santa Clara, USA, 2012.

[16] S. Zorn, R. Rose, A. Goetz, und R. Weigel, "A novel technique for mobile phone localization for search and rescue applications," in *Proc. Int Indoor Positioning and Indoor Navigation (IPIN) Conf*, 2010, S. 1–4.

[17] S. Zorn, "A new approach on mobile phone localization for search and rescue applications," in *ITG-Fachausschuss 7.2: Funksysteme „Funklokalisierung - sicher, schnell und genau"*, Ilmenau, 2012.

[18] S. Zorn, R. Rose, A. Goetz, R. Weigel, und A. Koelpin, "A new system for mobile phone localization for search and rescue applications," in *6th Future Security Research Conference*, Berlin, 2011.

[19] R. Rose, S. Zorn, A. Goetz, und R. Weigel, "Ortung verschütteter Personen anhand ihrer GSM-Mobiltelefone," in *RadioTecC - Transmit&TestSolutions*, 2009.

[20] R. Rose, C. Meier, S. Zorn, A. Goetz, und R. Weigel, "A GSM-network for mobile phone localization in disaster scenarios," in *Proc. German Microwave Conf. (GeMIC)*, 2011, S. 1–4.

[21] R. Rose, S. Zorn, A. Goetz, G. Fischer, und R. Weigel, "A new technique to improve AoA using dual polarization," in *Microwave Conference (EuMC), 2011 41st European*, Oktober 2011, S. 420–423.

[22] C. Meier, "Aufbau einer GSM-Zelle zur Emulation eines GSM-Netzwerkes," Diplomarbeit, Friedrich-Alexander-Universität Erlangen-Nürnberg, 2010.

[23] M. Maser, "Entwicklung eines RF-Jammers für GSM-Mobilfunksysteme," Diplomarbeit, Friedrich-Alexander-Universität Erlangen-Nürnberg, 2009.

[24] S. Zorn, M. Maser, A. Goetz, R. Rose, und R. Weigel, "A power saving jamming system for E-GSM900 and DCS1800 cellular phone networks for search and rescue applications," in *Proc. IEEE Topical Conf. Wireless Sensors and Sensor Networks (WiSNet)*, 2011, S. 33–36.

[25] M. Gardill, "An UMTS Jammer Triggering User Equipment Inter-Rat Cell Reselection," Diplomarbeit, Friedrich-Alexander-Universität Erlangen-Nürnberg, 2010.

[26] S. Brunner, "Entwicklung eines HF-Frontends für einen UMTS-Jammer," Bachelorarbeit, Friedrich-Alexander-Universität Erlangen-Nürnberg, 2011.

[27] S. Zorn, M. Gardill, R. Rose, A. Goetz, R. Weigel, und A. Koelpin, "A smart jamming system for UMTS/WCDMA cellular phone networks for search and rescue applications," in *2012 IEEE MTT-S International Microwave Symposium Digest (MTT)*, Montreal, Kanada, June 2012.

[28] G. Bozsik, "Leistungsmessung von Mobilfunksignalen," Diplomarbeit, Friedrich-Alexander-Universität Erlangen-Nürnberg, 2010.

[29] S. Zorn, G. Bozsik, R. Rose, A. Goetz, R. Weigel, und A. Koelpin, "A power sensor unit for the localization of GSM mobile phones for search and rescue applications," in *Sensors, 2011 IEEE*, 2011, S. 1301–1304.

[30] J. Agar, *Constant Touch: A global history of the mobile phone*. Icon Books, 2003.

[31] GSM Association. (2010) Brief history of GSM & the GSMA. [Online]. Verfügbar: www.gsmworld.com/about-us/history.htm

[32] J. Fenk, "Status and prospects of wireless communications," in *Proc. Digest of Papers Silicon Monolithic Integrated Circuits in RF Systems 2003 Topical Meeting*, 2003, S. 41–44.

[33] Statista. (2012) Households with at least one cell phone in Germany from 2006 to 2011. [Online]. Verfügbar: http://www.statista.com/statistics/195101/households-with-at-least-one-cell-phone-in-germany-since-2006/

[34] ——. (2012) Mobile penetration in selected countries in 2007. [Online]. Verfügbar: http://www.statista.com/statistics/2795/mobile-penetration-in-selected-countries-in-2007/

[35] GSM Association & Europe Technologies Limited. (2009) GSM european coverage. [Online]. Verfügbar: http://anz.wiki.nmc.org/file/view/GSM_EuropePoster2009A.pdf

[36] S. Redl und M. Weber, *GSM-Technik und Meßpraxis*, Zweite Auflage. Franzis-Verlag GmbH, 1995.

[37] J. Eberspächer, H.-J. Vögel, und C. Bettstetter, *GSM - Global System for Mobile Communication*, Dritte Auflage. B. G. Teubner Stuttgart, Leipzig, Wiesbaden, 2001.

[38] K.-O. Detken, *GSM - "Global System for Mobile Communications"Der Mobilfunkstandard*, Erste Auflage. Verlag Mainz, Wissenschaftsverlag, Aachen, 1997.

[39] G. Fischer, *HF- und Digital-Architektur von Mobilfunk-Basisstationen*. Lehrstuhl für Technische Elektronik, 2007.

[40] A. Richardson, *WCDMA Design Handbook*. Cambridge University Press, 2005.

[41] J. P. Castro, *The UMTS Network and Radio Access Technology: Air Interface Techniques for Future Mobile Systems*. John Wiley and Sons Ltd., 2001.

[42] A. Springer und R. Weigel, *UMTS: The Physical Layer of the Universal Mobile Telecommunications System*. Springer, 2002.

[43] B. Walke, M. Althoff, und P. Seidenberg, *UMTS - Ein Kurs: Universal Mobile Telecommunications System*. Schlembach, 2001.

[44] S.-F. Su, *The UMTS air-interface in RF engineering: Design and operation of UMTS networks*. McGraw-Hill, 2007.

[45] 3rd Generation Partnership Project (3GPP), “3gpp specifications,” Tech. Rep. [Online]. Verfügbar: www.3gpp.org/specifications

[46] ——, “Services and system aspects UMTS phase 1: 3G TS 22.100 V3.7.0 (2001-10),” Tech. Rep., 2001.

[47] ——, “Base station (BS) radio transmission and reception (FDD): 3GPP TS25.104 V9.0.0 (2009-05),” Tech. Rep., 2009.

[48] J. Huber, “Skriptum zur Vorlesung Nachrichtenübertragung,” 2007.

[49] K.-D. Kammeyer, *Nachrichtenübertragung*. Teubner, 2004.

[50] D. Torrieri, *Principles Of Spread-Spectrum Communication Systems*. Springer-Verlag, 2005.

[51] J. Lee und L. Miller, *CDMA Systems Engeneering Handbook*. Artech House, 1998.

[52] 3rd Generation Partnership Project (3GPP), “Spreading amd modulation (FDD): 3GPP TS25.213 V8.4.0 (2009-03),” Tech. Rep., 2009.

[53] R. A. Poisel, *Modern Communications Jamming Principles and Techniques*. Artech House, 2003.

[54] TSG-RAN Working Group 4 #1, Nokia, “MS receiver sensitivity in UTRA FDD mode, Tech. Rep. TSWG4#1(99)005.

[55] M. Probst und S. Martens, “Mobilfunkbasierte Positionsbestimmung,” Juli 2005. [Online]. Verfügbar: http://dg6vm.de/transfer/Handout.pdf

[56] M. Hellebrandt und R. Mathar, “Location tracking of mobiles in cellular radio networks,” vol. 48, no. 5, S. 1558–1562, 1999.

[57] Mok Ming Fai, “Location-based services using GSM cell information over symbian OS,” Master’s thesis, Department of Computer Science and Engineering, The Chinese University of Hong Kong, 2004.

[58] P. Morgand, A. Ferreol, R. Sarkis, C. Craeye, und C. Oestges, “Detection and location of people in emergency situations through their PMR or GSM/UMTS phones,” in *Wireless Technology Conference (EuWIT), 2010 European*, 2010, S. 185–188.

[59] ResQU AB. (2012) HEPKIE Search System. [Online]. Verfügbar: http://hepkie.com/hepkie/

[60] D. Lu und D. Rutledge, “Investigation of indoor radio channels from 2.4 GHz to 24 GHz,” in *Proc. IEEE Antennas and Propagation Society Int. Symp*, 2003, S. 134–137.

[61] ETSI, “Requirements for communication of citizens with authorities/organizations in case of distress (emergency call handling),” *ETSI SR 002 180 V1.1.1*, vol. 12, S. 9ff, 2003.

[62] S. Lechner, “Entwurf und Implementierung eines Algorithmus zur Rückgewinnung des Frequenzsprungschemas bei GSM,” Masterarbeit, Friedrich-Alexander-Universität Erlangen-Nürnberg, 2011.

[63] D. S. V. Araujo, J. C. A. Santos, und M. H. C. Dias, "A dual band steerable cell phones jammer," in *Proc. SBMO/IEEE MTT-S Int. Microwave and Optoelectronics Conf. IMOC 2007*, 2007, S. 611–615.

[64] S. W. Shah, M. I. Babar, M. N. Arbab, K. M. Yahya, G. Ahmad, T. Adnan, und A. Masood, "Cell phone jammer," in *Proc. IEEE Int. Multitopic Conf. INMIC 2008*, 2008, S. 579–580.

[65] N. K. Mishra, "Development of GSM - 900 mobile jammer: An approach to overcome existing limitation of jammer," in *Proc. Fifth IEEE Conf. Wireless Communication and Sensor Networks (WCSN)*, 2009, S. 1–4.

[66] A. Jisrawi, "GSM-900 mobile jammer," Master's thesis, Jordan University of Science and Technology.

[67] G. Kalivas, *Digital Radio System Design*. John Wiley & Sons, 2010.

[68] T. Herlestam, "On functions of linear shift register sequences," in *Advances in Cryptology - EUROCRYPT 85*, vol. 219, 1986, S. 119–129.

[69] Troisi Design Limited. (1999) Jitter effects on analog to digital and digital to analog converters.

[70] 3rd Generation Partnership Project (3GPP), "Requirements for support of radio resource management (FDD), Tech. Rep. 3GPP TS 25.133 V9.0.0 (2009-05), 2009.

[71] UMTS-Report. (2003, September) Wie wird ein UMTS-Netz aufgebaut? [Online]. Verfügbar: http://www.umts-report.de/umtsgrundlagen.php?ida=268890&idc=288

[72] J. Johnson, "Thermal agitation of electricity in conductors," *Physical Review*, vol. 32, S. 97–109, 1928.

[73] M. Gardill, S. Zorn, R. Weigel, und A. Koelpin, "Triggering UMTS user equipment inter-RAT cell reselection using noise jammers," in *Proc. German Microwave Conf. (GeMIC)*, 2011, S. 1–4.

[74] ROHDE & SCHWARZ GmbH & Co. KG. Spannungs- und Leistungsmesstechnik. [Online]. Verfügbar: http://www2.rohde-schwarz.com/file_3755/SLMESS_D.PDF

[75] H. H. Meinke und F. Gundlach, *Taschenbuch der Hochfrequenztechnik*. Springer-Verlag Berlin Heidelberg.

[76] B. Schiek, *Grundlagen der Hochfrequenz-Messtechnik*. Springer-Verlag Berlin Heidelberg, 1999.

[77] Analog Devices Inc. (2008, Juli) AD8307: Low cost, DC to 500 MHz, 92dB logarithmic amplifier. [Online]. Verfügbar: http://www.analog.com/static/imported-files/data_sheets/AD8307.pdf

[78] ——. (1999, Dezember) AD640: DC-coupled demodulating 120 MHz logarithmic amplifier. [Online]. Verfügbar: http://www.analog.com/static/imported-files/data_sheets/AD640.pdf

[79] A. Brokaw, "A simple three-terminal IC bandgap reference," *Solid-State Circuits, IEEE Journal of*, vol. 9, S. 388–393, 1974.

[80] Weigel R. und Reinhardt S., *Systeme und Schaltungen der Übertragungstechnik*. Lehrstuhl für Technische Elektronik, 2005.

[81] L. Chen, M. Loschonsky, und L. Reindl, "Characterization of delay spread for mobile radio communications under collapsed buildings," in *Personal Indoor and Mobile Radio Communications (PIMRC), 2010 IEEE 21st International Symposium on*, September 2010, S. 329–334.

[82] L. Chen, T. Ostertag, M. Loschonsky, und L. M. Reindl, "Measurement of mobile radio propagation channel in ruins," in *Wireless Communications, Networking and Information Security (WCNIS), 2010 IEEE International Conference on*, Juni 2010, S. 252–256.

[83] L. Chen, M. Loschonsky, und L. Reindl, "Large-scale fading model for mobile communications in disaster and salvage scenarios," in *Wireless Communications and Signal Processing (WCSP), 2010 International Conference on*, Oktober 2010, S. 1–5, 21–23.

[84] MaxStream. (2003, September) Indoor path loss. [Online]. Verfügbar: http://digilander.libero.it/windflow/eng/Usage/RFIDSensor/Indoor\discretionary-%20Path%20Loss.pdf

[85] A. Esswein, M. Maser, und R. Weigel, *Analog Electronic Systems*. Lehrstuhl für Technische Elektronik, 2008.

[86] Analog Devices Inc. (2008, November) ADL5513: 1 MHz to 4 GHz, 80 dB logarithmic detector/controller. [Online]. Verfügbar: http://www.analog.com/static/imported-files/data_sheets/ADL5513.pdf

[87] ——. (2009, Juli) Extending the dynamic range of the ADL5513 logarithmic detector using the AD8368 variable gain amplifier (CN0072). [Online]. Verfügbar: http://www.analog.com/static/imported-files/circuit_notes/CN0072.pdf

[88] ——. (2005, Juni) ADL5330: 10 MHz to 3 GHz VGA with 60dB gain control range. [Online]. Verfügbar: http://www.analog.com/static/imported-files/data_sheets/ADL5330.pdf

[89] U. Tietze und C. Schenk, *Halbleiter-Schaltungstechnik*, Zwölfte Auflage. Springer-Verlag Berlin Heidelberg, 2002.

[90] Rohde&Schwarz GmbH & Co.KG, "LTE Introduction," März 2012.

[91] A. von Zimmermann, *Rechtmäßigkeit der Rettung Verschütteter im Wege der Ortung von Mobiltelefonen*. Verlag Dr. Kovac, 2011.

Abbildungsverzeichnis

Tabellenverzeichnis